Винисиус Битенкур Кампос Калу

Использование БПЛА в точном земледелии

Винисиус Битенкур Кампос Калу

Использование БПЛА в точном земледелии

Оценка высоты полога при выращивании кукурузы

ScienciaScripts

This book is a translation from the original published under ISBN 978-620-2-04894-1.

Publisher:
Sciencia Scripts
is a trademark of
Dodo Books Indian Ocean Ltd. and OmniScriptum S.R.L publishing group

120 High Road, East Finchley, London, N2 9ED, United Kingdom
Str. Armeneasca 28/1, office 1, Chisinau MD-2012, Republic of Moldova, Europe
Printed at: see last page
ISBN: 978-620-7-23990-0

РЕЗЮМЕ

РЕЗЮМЕ:

Разработка и передача новых технологий имеют решающее значение для экономического успеха сельскохозяйственного сектора. В настоящее время предпринимается множество усилий по созданию методик и инструментов для контроля продуктивности, состояния питательных веществ и воды, аспектов здоровья и прогнозирования урожая. В этом сценарии *беспилотные летательные аппараты (БПЛА)* являются перспективным вариантом, учитывая преимущества получения аэрофотоснимков с высоким пространственным разрешением в сочетании с низкими инвестиционными затратами по сравнению с другими методами съемки. Поэтому цель данной работы - рассказать об этой новой технологии и разработать методику, позволяющую точно оценить высоту растений на коммерческом кукурузном поле при двух различных высотах полета - 30 и 60 метров. Два полета были проведены на участке центрального орошения в городе Лимоэйру-ду-Норти, штат Сеара, с использованием многороторного БПЛА quadcopter, оснащенного 12-мегапиксельной панхроматической камерой с объективом "рыбий глаз" и 16-мегапиксельной камерой с плоским объективом. Изображения обрабатывались с помощью программного обеспечения. Были взяты образцы высоты по всей территории для сравнения со значениями, полученными при обработке данных с помощью программного обеспечения. Результаты показали хорошую точность, при этом полет на высоте 60 метров был наиболее близок к среднему значению, полученному в полевых условиях. Средняя высота полога, измеренная в полевых условиях, составила 2,22 метра, а средние значения, полученные при полетах на высоте 30 и 60 метров, соответственно, составили 1,90 и 2,10 метра. Результаты показали, что дистанционное зондирование с помощью БПЛА может быть использовано для оценки высоты полога насаждений.

КЛЮЧЕВЫЕ СЛОВА: точное земледелие, цифровая модель поверхности, беспилотные летательные аппараты.

1 ВВЕДЕНИЕ

Одной из важнейших задач человечества в этом столетии является производство достаточного количества продовольствия для удовлетворения спроса населения планеты. Поэтому точное земледелие считается одним из самых больших перспектив развития технологий, способствующих успеху сельскохозяйственной деятельности, где мониторинг культур, оценка урожайности и продуктивности, выявление вредителей и болезней относятся к набору информации, которая делает сельское хозяйство менее рискованным и более прибыльным видом деятельности. Развитие в этой области является следствием этих усилий по достижению лучших результатов, что, безусловно, будет способствовать успеху сельского хозяйства на планете (GARNETT *et al.*, 2013).

В связи с этим беспилотные летательные аппараты (БПЛА) используются как перспективная технология для мониторинга сельскохозяйственных культур с целью выявления вредителей и болезней, недостатка питательных веществ, дефицита воды, прогнозирования урожая и мониторинга эрозии почвы (ZHANG, KOVACS, 2012). За прошедшие годы были разработаны различные области применения БПЛА, что способствовало расширению рынка и спроса на услуги. Краткосрочные преимущества этих технологий уже реализуются и вносят положительный вклад в сельскохозяйственный сектор. Эти механизмы используют мощные инструменты для получения аэрофотоснимков с высоким пространственным разрешением и относительно более низкой стоимостью по сравнению с другими методами (HONKAVAARA *et al.*, 2013).

Появление новых технологий позволило добиться значительных успехов в области компьютерной графики, благодаря чему на рынке появилось программное обеспечение с мощными инструментами для манипулирования изображениями, полученными с помощью БПЛА. Одной из основных функций такого программного обеспечения является построение трехмерных моделей из двухмерной информации, где фотограмметрический принцип развивается путем наложения изображений (ROBERTSON & CIPOLLA, 2009). В программном обеспечении используются такие алгоритмы, как *Structure From Motion* (SfM) (ULLMAN, 1979), которые способны распознавать паттерны на перекрывающихся фотографиях, снятых камерой, перемещающейся по сцене, и выравнивать их. Алгоритм обнаруживает и описывает локальную особенность или паттерн для каждой двумерной точки, выполняя процедуру для каждого изображения, на котором обнаружен паттерн (QUAN, 2010; FISHER et al., 2013). Различные авторы выполнили работы, описывающие структуру и применение SfM, например Verhoeven et al. (2012) искали быструю и эффективную методику привязки аэрофотоснимков; топографической реконструкции с высоким разрешением (MANCINI et al.), Продуктом такого выравнивания с помощью алгоритма SfM является разреженное облако точек, которое представляет собой 3D-модель с приемлемым уровнем детализации (GOESELE et al., 2007; MURTIYOSO & SUWARDHI, 2011).

В настоящее время проведено несколько исследований, подтверждающих точность продуктов, полученных с помощью обработки аэрофотоснимков, что свидетельствует о большом значении этих новых технологий для сельского хозяйства (BACHMANN et al., 2013; ZARCO- TEJADA et al., 2014; SIEBERT & TEIZER, 2014). Поэтому целью данного исследования было разработать методику точной оценки высоты растений на коммерческом кукурузном поле по изображениям, полученным с помощью БПЛА на двух разных высотах полета - 30 и 60 метров, используя принципы фотограмметрии и дистанционного зондирования, а также применяемые камеры (GoPro Hero 4 Silver - рыбий глаз и Ricoh GRLENS - плоская).

2   ОБЗОР ЛИТЕРАТУРЫ

В этом разделе кратко и объективно рассматривается история и применение беспилотных летательных аппаратов (БПЛА), а также некоторые понятия о фотограмметрии и получении изображений с воздуха. Целью было внести вклад в интеграцию наиболее важных работ, связанных с этой темой, введя понятия, которые помогут понять методологию и полученные результаты. Мы надеемся внести свой вклад в развитие знаний о БПЛА, особенно тех, которые связаны с точным земледелием.

2.1 История и применение беспилотных летательных аппаратов

История мировой авиации постоянно отмечена технологическим прогрессом. Большая часть известных сегодня технологий - результат военного спроса, связанного с вооруженными конфликтами на протяжении всей истории человечества. В этом контексте *беспилотные летательные* аппараты (*БПЛА*) появились как ответ на потребности оружейной промышленности и использовались для картографирования стратегических районов, наземной разведки и идентификации целей или даже для воздушных атак, как, например, *Kettering Aerial Torpedo,* первый *БПЛА,* примененный в бою в 1918 году. Однако в то время БПЛА были неточны в сборе информации, и их применение не признавалось многими военными и политическими лидерами. На рисунке 1 ниже показаны некоторые беспилотные летательные аппараты (VALAVANIS, 2008; FAHLSTROM; GLEASON, 2012).

Рисунок 1 - A) *Kattering Aerial Torpedo*; B) Микро-БПЛА с фиксированным крылом Zangao 5, SkyDrones; C) Мультироторный Phantom 2, DJI.

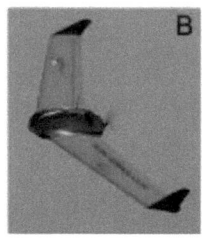

Источник: http://doctordrone.com.br/ (2015).

Согласно Глейду (2000), Министерство обороны США

Соединенные Штаты определяют БПЛА как летательные аппараты, которые не имеют пилота на борту и могут управляться дистанционно операторами-людьми или компьютерными программами. Их обычно называют "беспилотниками", но они могут иметь и другие названия, например, беспилотные боевые машины - VCANT или *дистанционно пилотируемые летательные аппараты* - RPA (BRASIL, 2015). Национальное агентство гражданской авиации (ANAC) подтверждает это определение, исключая из категории традиционные воздушные шары, поскольку ими нельзя управлять по всем трем осям, а также модели аэропланов, поскольку они предназначены для отдыха.

БПЛА также можно разделить на категории по конструкции летательных аппаратов, которые могут быть многороторными или с фиксированным крылом. Lucieer *et al.* (2014) и Mattielo *et al.* (2015) отмечают некоторые преимущества многороторной системы перед фиксированной, такие как возможность оставаться в статичном положении в воздухе, полет на низкой скорости и более мягкая посадка. Основным недостатком является меньшая дальность полета по сравнению с БПЛА с фиксированным крылом из-за плохой аэродинамики.

Рынок беспилотных летательных аппаратов постоянно расширяется, представляя собой новое направление, которое необходимо исследовать. Различные области применения, а также различные модели могут быть использованы в соответствии с потребностями каждого специалиста и каждого региона (WONG, 2001). По сравнению с другими системами получения аэрофотоснимков, такими как фотограмметрия с использованием самолетов и спутников, БПЛА имеют некоторые преимущества, как отмечают Хонкаваара *и др.* (2013), ссылаясь на способность системы получать данные с требуемым пространственным и временным разрешением. Еще одним преимуществом является экономическая эффективность, поскольку БПЛА предлагают хорошее соотношение между стоимостью и эффективностью по сравнению с другими методами сбора данных. Еще один фактор, отмеченный авторами, - использование БПЛА даже в условиях облачности. Тамминга *и др.* (2015) отмечают низкую стоимость, высокую эффективность, эксплуатационную гибкость и сантиметровое пространственное разрешение. Простота обработки собранных данных связана с интерфейсом и рабочим процессом каждого программного обеспечения, представленного на рынке. В настоящее время цены на программное обеспечение все еще являются недостатком, так как стоимость годовой лицензии составляет около 3,5 тысячи долларов.

В течение многих лет БПЛА использовались только в военных целях, но в последнее время все большее внимание уделяется гражданскому применению. Сегодня существует бесчисленное множество вариантов применения БПЛА. Технологическое развитие позволило прошлым моделям превратиться в современные надежные и точные системы. За последнее десятилетие исследователи из разных областей проверили и доказали эффективность БПЛА для различных целей, таких как контроль дорожного движения, эффективный подсчет транспортных средств и поддержка команд на земле в случае аварий (DOHERTY, 2004; HAARBRINK; KOERS, 2006; PURI; VALAVANIS; KONTITSIS, 2007); приложения для мониторинга, документирования, реконструкции исторических зданий и археологических объектов, к которым трудно добраться (RUBIO *et al*, 2005; EISENBEISS; ZHANG, 2006; ÇABUK; DEVECI; ERGINCAN, 2007); измерение потока углекислого газа при вулканических извержениях (MCGONIGLE *et al.*, 2008) и мониторинг вулканической активности (AMICIS *et al.*, 2013); идентификация пожаров и поддержка мониторинга лесных пожаров (CASBEER *et al.*, 2005; RESTAS, 2006; MAZA *et al.*, 2011; MERINO et *al*, 2012); новаторское применение в мониторинге таяния льда в Гималаях с использованием карт высот, созданных на основе сбора данных с помощью БПЛА (IMMERZEEL *et al.*, 2014); идентификация и мониторинг подводной растительности в реках (FLYNN; CHAPRA, 2014).

Наряду с этими приложениями точное земледелие также способствовало развитию и применению технологий в полевых условиях благодаря использованию БПЛА. Хант-младший *и др.* (2005) пытались соотнести содержание азота в растениях кукурузы с индексом, рассчитанным на основе отражения зеленого и красного диапазонов (*Normalised Green-Red Difference Index - NGRDI), и* не получили никакой корреляции, несмотря на то, что обработки с низкими дозами азота были легко идентифицированы на аэрофотоснимках. Они также изучили связь между NGRDI и биомассой кукурузы, люцерны и сои, где обнаружили линейную корреляцию для значений биомассы ниже 120 г.м.$^{-2}$. Lelong *et al.* (2008) пошли дальше и проанализировали связь между индексом площади листьев и *нормализованным индексом различий растительности* (NDVI), используя камеры Canon EOS 350D и Sony DSC-F828, где они обнаружили коэффициенты корреляции выше 0,80. Небикер *и др.* (2008) продемонстрировали большой потенциал сочетания мультиспектральных датчиков и БПЛА для сельского хозяйства, подчеркнув высокое пространственное разрешение и относительно низкую стоимость по сравнению с другими методами получения аэрофотоснимков. Хант-младший *и др.* (2010) протестировали два сорта пшеницы в сегменте мониторинга сельскохозяйственных культур, связав индекс площади листьев с GNDVI (*Green Normalised Difference Vegetation Index*), и обнаружили высокую корреляцию.

Remondino *et al.* (2011) открыли второе десятилетие 2000-х годов обсуждением перспектив использования беспилотных летательных аппаратов в сочетании с программным обеспечением для создания 3D-карт на основе наложения аэрофотоснимков. Baluja *et al.* (2012), Zarco-Tejada, Gonzàlez-Dugo, Berni (2012) и Bellvert *et al.* (2014) соединили тепловые и мультиспектральные камеры с БПЛА, пытаясь установить корреляцию между температурой и содержанием воды в насаждениях. В области сохранения и рационального использования почв д'Олейр-Олтманнс *и др.* (2012) пытались отслеживать эрозию почвы с помощью цифровой модели местности, созданной на основе изображений, полученных с помощью БПЛА с фиксированным крылом. Кальдерон *и др.* (2013) использовали БПЛА в сочетании с мультиспектральными и тепловыми датчиками для выявления грибков на оливковой плантации. Бендинг (2014) использовал методы дистанционного зондирования в сочетании с БПЛА, чтобы найти эффективный метод оценки биомассы и высоты растений, отслеживания и мониторинга урожая ячменя и риса. Шахбази *и др.* (2015) попытались разработать и оценить систему БПЛА, включающую аппаратное и программное обеспечение для высокоточного картографирования и создания 3D-моделей. Feng, Liu и Gong (2015) получили удовлетворительные результаты, составив карту растительности городской территории и классифицировав различные типы поверхностного покрова.

В Бразилии дистанционное зондирование, ориентированное на применение беспилотных летательных аппаратов, бурно развивалось во втором десятилетии 2000-х годов. В работе Silva *et al.* (2011) рассматривается текущая панорама и будущие перспективы применения БПЛА, а также освещается экологический мониторинг и незаконная эксплуатация в тропических лесах Амазонки. Pegoraro и Philips (2011) рассмотрели применение БПЛА и предложили вариант использования для регистрации земельных участков. Фаварин *и др.* (2013) доказали возможность использования БПЛА в лесном хозяйстве, позволяя точно подсчитывать и измерять площадь полога, а Ройг *и др.* (2013) в тот же период реализовали приложение для изучения донных отложений в реках.

В 2015 году на Бразильском конгрессе по дистанционному зондированию было представлено более 20 докладов, посвященных использованию БПЛА, что сделало его самой важной встречей в области дистанционного зондирования в Бразилии. Прикладные задачи включали цифровое моделирование местности и оценку данных высокого пространственного разрешения (ALMEIDA *et al.*, 2015); городское планирование (ANTUNES; HOLLATZ, 2015); обнаружение дефектов дорожного покрытия (BRANCO; SEGANTINE, 2015); оценку зеленого покрова на пастбищах (BRITO *et al*, 2015); привязка к местности с помощью аэрофотограмметрии с БПЛА (GOMES *et al.*, 2015); мониторинг использования водных ресурсов (SILVA *et al.*, 2015).

2.2 Сбор и обработка данных

Планирование миссии осуществляется исходя из цели сбора данных, определения задачи, объектов исследования и определения территории. Планирование полета и автопилот осуществляются с помощью программного обеспечения *наземной станции управления,* такого как *Ground Station* производства *DJI, Inovations* или *Mission Planner* производства *3DRobotics*. В этом программном обеспечении можно с высокой точностью определить такие параметры, как высота полета, перекрытие изображения, скорость полета и площадь облета (SZ DJI Technology Co., Ltd).

Для обработки изображений, полученных во время полета, используется специальное программное обеспечение. Различные компании предлагают на рынке программное обеспечение с инструментами для обработки изображений, полученных с помощью БПЛА, с функциями генерации трехмерных пространственных данных для использования в платформах ГИС (географических информационных систем), цифровых моделей местности и рельефа, генерации ортофотопланов с привязкой к местности, измерения площади и объема (*AGISOFT*, 2013; PIX4DMAPPER, 2015). Примерами таких компаний являются *AgiSoft*, разработчик *PhotoScan*; *Pix4Dmapper*, разработанный *Pix4D*; *MicMac* от IGN.

Одной из наиболее интересных функций программного обеспечения, представленного на рынке, является построение трехмерных моделей из двухмерной информации, где фотограмметрический принцип развивается путем наложения изображений (ROBERTSON; CIPOLLA, 2009). В программном обеспечении используются такие алгоритмы, как *Structure From Motion* (SfM) (ULLMAN, 1979), которые способны распознавать паттерны на перекрывающихся фотографиях, снятых камерой, перемещающейся по сцене, и выравнивать их. Алгоритм обнаруживает и описывает локальную особенность или паттерн для каждой двумерной точки, выполняя процедуру для каждого изображения, на котором обнаружен паттерн (QUAN, 2010; FISHER *et al.*, 2013). Различные авторы провели работы, описывающие структуру и применение SfM, например Verhoeven *et al.* (2012) искали быструю и эффективную методику привязки аэрофотоснимков; топографическую реконструкцию с высоким разрешением (MANCINI *et al.*, 2013); Gomez (2014) исследовал потенциал SfM для фотограмметрии; Moutinho *et al.* (2015) провели сравнение ортофотопланов, созданных в трех различных программах с использованием SfM. Продуктом такого выравнивания с использованием алгоритма SfM является разреженное облако точек, которое представляет собой 3D-модель с приемлемым уровнем детализации (GOESELE *et al*, 2007; MURTIYOSO; SUWARDHI, 2011).

Для эффективного перекрытия аэрофотоснимков и высокого стандарта распознавания компьютерными алгоритмами рекомендуется, чтобы перекрытие аэрофотоснимков составляло не менее 60 % боковых и 80 % фронтальных (*AGISOFT*, 2013). На рисунке 2 показана схема полета БПЛА и получения перекрывающихся фотографий. Хаала, Крамер и Ротермель (2013) и Дандуа, Олано и Эллис (2015) получили превосходные результаты качества при перекрытии более 80 %. Высота полета - еще один параметр, который напрямую влияет на качество и уровень детализации изображений, поскольку связан с размером пикселя на снимке. Чем выше высота полета, тем ниже уровень детализации изображения и тем больше размер пикселя, который также называется *расстоянием выборки грунта* (GSD). Чем меньше GSD, тем выше пространственное разрешение и уровень детализации создаваемого изображения или модели (ZARCO-TEJADA *et al.*, 2014). На рисунке 3 показаны детали пространственного разрешения изображений, полученных с помощью БПЛА на двух разных высотах.

Рисунок 2 - A) Схема получения изображения с помощью БПЛА и идеального наложения; B) Схема полета мультироторного БПЛА, осуществляющего фотосъемку с наложением.

11

Источник: Автор (2015).

Для корректной привязки обычно используются *наземные* контрольные *точки* (НКТ) с известными координатами. На рисунке 3 показан пример контрольной точки, используемой в данной работе. В настоящее время существуют камеры, которые уже собирают географические данные вместе с изображениями, генерируя файлы EXIF (*EXchangeable Image File format*) (FAN *et al.*, 2011), что позволяет ускорить выравнивание и обработку алгоритма SfM. Каждая камера имеет параметры, которые должны быть откалиброваны перед обработкой, чтобы реализовать истинную метрическую композицию, обеспечивающую совместимость виртуальных и реальных значений. Процесс калибровки осуществляется с помощью математической модели для оценки искажений и внутренних параметров (CASSEMIRO; PINTO, 2014). Обычно к таким параметрам относятся фокусное расстояние (fx, fy), координаты главной точки каждого изображения (cx, cy), коэффициент *перекоса (Skew),* коэффициенты радиальных искажений $(k1,\ k2\ k3$ и $k4)$ и коэффициенты тангенциальных искажений $(p1, p2)$ (*AGISOFT,* 2013).

Рисунок 3 - A) Разрешение изображения, полученного с помощью БПЛА на высоте 60 метров; B) на высоте 30 метров; C) Керамическая *контрольная точка,* использованная для данной работы D) Увеличение изображения, полученного с помощью БПЛА на высоте 60 метров; E) Увеличение изображения, полученного с помощью БПЛА на высоте 30 метров; F) Изображение одной из *контрольных точек* на высоте 30 метров.

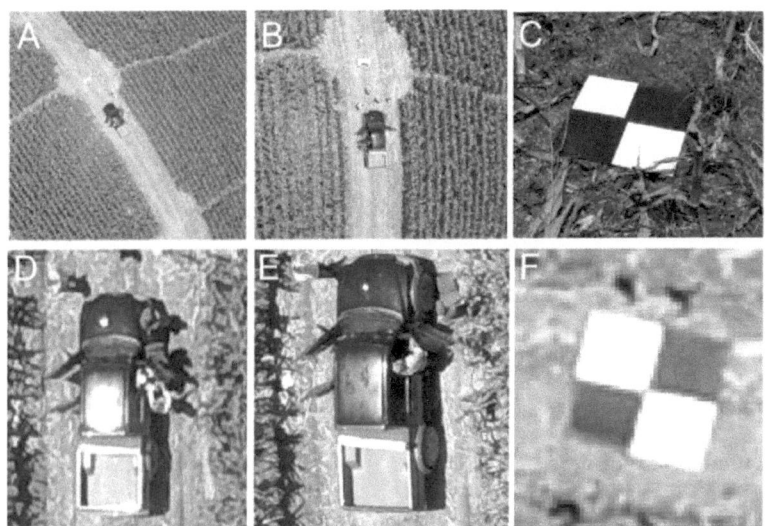

Источник: Автор.

Для геопривязки используются системы сбора географических данных, называемые GNSS-системами. Это общее название для систем навигации и позиционирования, основанных на спутниковых группировках. Система GNSS называется так потому, что она включает в себя *уже* реализованные и внедряемые в настоящее время наземные системы позиционирования: GPS (США), ГЛОНАСС (Россия), GALILEO (Европа) и COMPASS (Китай). Наземное позиционирование с помощью ГНСС может осуществляться различными методами, которые описаны в Техническом руководстве по позиционированию (Бразилия, 2013).

Геодезические координаты вершин объекта получают путем относительного позиционирования с использованием как минимум одной пары GNSS-приемников, при котором один из приемников остается неподвижным в известной точке на протяжении всей съемки (базовый), а другой перемещается ко всем желаемым точкам. Методы прогнозируемого позиционирования подразделяются на относительные статические, при которых время нахождения в каждой вершине зависит от базовой линии (расстояния) от известной точки до установленной базовой станции; быстрые статические, при которых время

13

нахождения в каждой точке составляет менее 20 мин; относительные полукинематические (*stop and go*), когда приемник продолжает вести наблюдения во время перемещения между точками, а время пребывания в каждой точке очень мало - менее пяти минут; относительные непрерывные кинематические, когда приемник перемещается по заранее установленным маршрутам, не оставаясь неподвижным в вершинах.

Также возможно проведение съемки с использованием системы RTK (*Real Time Kinematic*), при которой сигнал корректируется в режиме реального времени с помощью радиоприемников.

Несколько исследователей пытались доказать точность мозаики, полученной в результате обработки изображений, полученных с помощью БПЛА (Bachmann et al., 2013; Gomès-Candón et al., 2014; Zarco-Tejada et al., 2014; Siebert & Teizer, 2014). Гомес-Кандон и др. (2014) стремились оценить точность ортофотоснимков при различных высотах полета, разном количестве ПГП, используемых при привязке, и возможном смещении рядов сельскохозяйственных культур.

Результаты не показали существенной разницы в точности между полетами, выполненными на разных высотах, равно как и увеличение количества точек, используемых для привязки, не привело к значительному повышению точности обработанной модели. Тем не менее, авторы пришли к выводу, что полученные результаты являются многообещающими, поскольку низкие погрешности, обнаруженные при обработке, свидетельствуют о широких возможностях создания ортофотопланов с высоким пространственным разрешением и точностью.

Геопривязка снимков, сделанных БПЛА, осуществляется с помощью наземных контрольных точек (GCP), путем присвоения всем *пикселям* (*изображению элемента*) ортомозаики трехмерных координат с привязкой к заданной картографической системе проекции.

Таким образом, преимущество метода заключается в сборе координат произвольно разбросанных точек в зоне интереса проекта, а алгоритм отвечает за их экстраполяцию на все остальные пиксели.

В работе Xiang & Tian (2010) использовалась методика, позволяющая обойтись без использования опорных точек, с помощью бортового GPS-приемника для оценки положения перспективного центра камеры и высоты БПЛА в режиме реального времени, а также устройства для моделирования искажений изображения объективом камеры.

С другой стороны, Тернер, Люсиер и Уоллес (2014) разработали методику, позволяющую обойтись без использования ПГП, используя геодезический GPS-навигатор Novatel Flexpack-G2L. Изображения были обработаны с помощью двух различных программных пакетов: PhotoScan® и Pix4D®. Полученные точности были многообещающими, так как ошибки при обработке с помощью PhotoScan® составили около 11 см, в то время как при обработке с помощью Pix4D® ошибки составили около 24 см.

2.3 Выращивание кукурузы (*Zea mays*)

Мониторинг посевов, оценка урожайности и продуктивности, выявление вредителей и болезней - все это относится к информации, которая делает сельское хозяйство менее рискованным и более прибыльным видом деятельности. Развитие в этой области является следствием усилий по достижению лучших результатов, что, безусловно, будет способствовать экономическому успеху сельского хозяйства на планете. В этом смысле кукуруза занимает особое место, поскольку она является одним из самых важных злаков для человечества благодаря своей высокой питательной ценности, а также широко выращивается, продается и потребляется по всей планете.

По данным ФАО (2013), в 2013 году мировое производство зерна превысило миллиард тонн, при этом на американский континент пришлось 53% от общего объема производства. Бразилия находится на третьем месте после США и Китая, произведя в 2013 году около 75,6 млн тонн зерна кукурузы. По оценкам

Национальной компании по снабжению - CONAB - урожай 2014/2015 года составит 84,3 миллиона тонн на 15,7 миллиона гектаров по всей территории Бразилии.

По данным CONAB, средняя урожайность зерновых в Бразилии в 2014/2015 году составила 3 614 кг га$^{-1}$, при этом в центре и на юге страны средняя урожайность была выше и достигла 3 904 кг га$^{-1}$. С другой стороны, в северо-северо-восточном регионе показатели урожайности ниже среднего по Бразилии и составляют 2 328 кг га .$^{-1}$

На этом фоне средняя урожайность в штате Сеара составила всего 270 кг/га$^{-1}$ в урожайном 2014/2015 году, что на 56,4% меньше, чем в 2013/2014 году. Эти колебания являются результатом водного кризиса, вызванного недостатком осадков, который нанес ущерб сельскохозяйственному производству (EMBRAPA, 2015).

Помимо зерна, листья и стебли кукурузы также используются в качестве корма для животных, учитывая их большой питательный потенциал; их можно скармливать в свежем или силосованном виде. Урожайность кукурузы в свежем виде зависит от сорта, наличия воды в течение цикла выращивания, питания и состояния здоровья. Поэтому урожайность кукурузы в свежей массе весьма различна и колеблется от 11 до 35 тонн с гектара$^{-1}$ (MELLO *et al.*, 2010).

3 МЕТОДОЛОГИЯ

3.1 Район исследования

Работа проводилась на коммерческой плантации кукурузы (AG 1051, Agroceres®) площадью 100 га, орошаемой централизованно, в городе Лимоэйру-ду-Норти, штат Сеара, географически расположенном на 5°12,771' южной широты и 38°1,388' западной долготы, в 198 км от Форталезы, столицы штата (рис. 4 и 5). Кукуруза AG1051 подходит для силосования целых растений и уборки зеленой массы кукурузы. Она высокорослая, имеет полуранний цикл (75 дней), один колос на растение и высокую урожайность на силос. Расстояние между растениями составляло 0,8 х 0,3 м, что привело к плотности 42 000 растений на гектар при средней высоте полога 2,2 м. Урожай был собран в 74 дня.

Рисунок 4 - Карта района исследования, где проводились полеты и отбор проб.

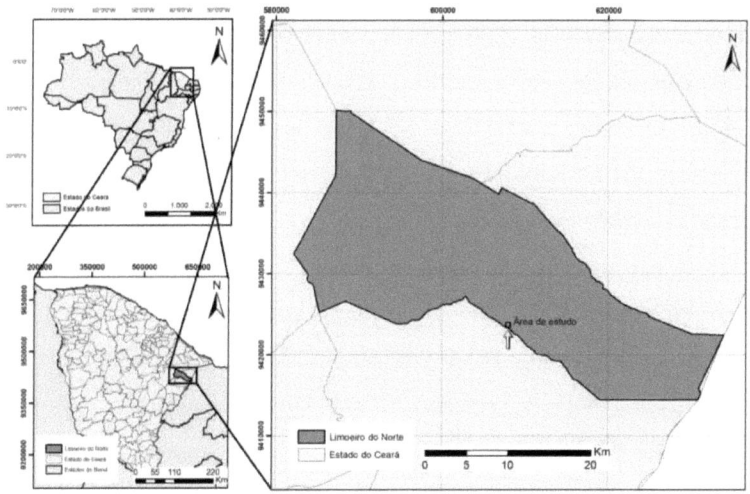

Источник: Бразильский институт географии и статистики (2015), авторская разработка.

Погодные условия были благоприятными: мало облаков, нет риска дождя и хорошее освещение. В этом районе раньше выращивали кукурузу, в основном для продажи зеленых початков и растительного силоса. Рядом с исследуемым участком установлены другие поворотные системы, в основном для пастбищ или для выращивания кукурузы и бобов.

Рисунок 5 - Фотография исследуемой территории и изображение центрального стержня в Google Earth (от 24/03/2014), Лимоэйру-ду-Норти, штат Сеара, Бразилия.

Источник: Автор (2015).

3.2 Платформа и регулярный рейс

Использовался беспилотный летательный аппарат (БПЛА) производства *DJI Innovations*: Phantom 2 (рис. 6 и 7). Линейка Phantom относится к категории мультироторных аппаратов (Quadcopter), с приблизительной автономностью полета 15 минут (аккумулятор 5200 мАч и напряжение 11,1 В). Управление полетом осуществляется по всем трем осям: вперед-назад *(Pitch)*, вправо-влево *(Roll)*, вверх-вниз *(Elevator)* и вращение вокруг собственной оси вправо-влево *(Yaw)*. В платформу БПЛА встроена система *Inertial Measurement Unit* (IMU), которая позволяет контролировать высоту с помощью инерциального датчика и барометрического альтиметра. Система *Compass* считывает геомагнитную информацию с помощью GPS (*Global Position System*), повышая точность расчета положения и высоты БПЛА. Phantom также оснащен системой стабилизации камеры (*Gimbal*) *Zentmuse H3-3D,* которая помогает улучшить качество изображений или видео, снятых с платформы во время полета.

Рисунок 6 - А) Phantom 2, вид спереди и В) Phantom 2, вид сверху. DJI Innovations.

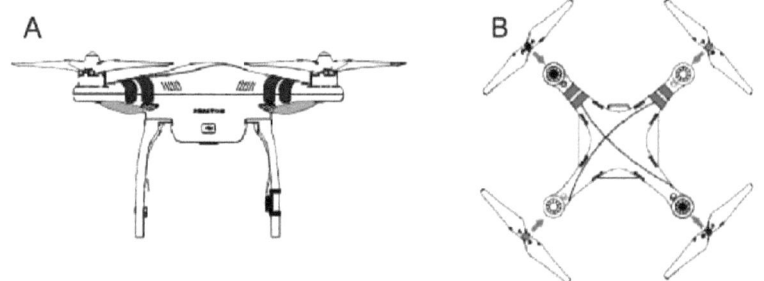

Источник: руководство по эксплуатации Phantom, DJI Innovations (2015).

Рисунок 7 - А) Phantom 2 в полной посадке; В) Phantom 2 в полном полете, DJI Inovations.

Источник: Автор (2015).

В целях безопасности воздушные аппараты подлежат регулированию в соответствии с законами воздушного пространства каждой страны. Ограничения по безопасности включают высоту и ширину пролетаемых территорий.

Международная организация гражданской авиации (ИКАО) классифицирует воздушные суда на семь классов (от А до G), в которых БПЛА, используемые в данной работе, относятся к классу G. Эти спецификации варьируются от страны к стране и регулируют дальность полета каждого летательного аппарата.

Определение зоны полета происходило в полевых условиях с помощью программного обеспечения *наземной станции*, где можно было запрограммировать полет БПЛА, задать нужную высоту и скорость полета (рис.

8). Оба полета покрыли площадь около 5,1 га (161 м х 316 м) при постоянной скорости 5 м/с. Достигнув каждой вершины траектории полета, БПЛА выполняет маневр под названием *Stop and Turn*, который представляет собой поворот вокруг собственной оси, прежде чем направиться к следующей точке.

Рисунок 8 - Изображение маршрута полета БПЛА в районе исследования в Лимоэйру-ду-Норти, штат Сеара, Бразилия. Изображения от 24/03/2014, Google Earth. А) Маршрут первого дня миссии с использованием Phantom 2 + камеры Ricoh GRLENS; B) Маршрут второго дня миссии с использованием Phantom 2 + GoPro Hero 4 Silver.

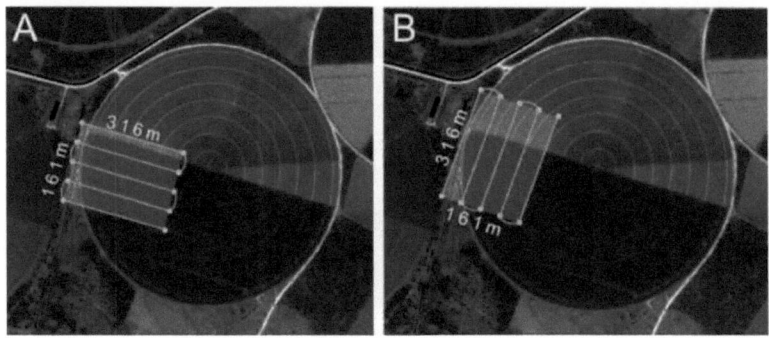

Источник: Google Earth и разработка автора (2015).

Девять керамических контрольных плит были распределены по территории исследования и использовались для привязки цифровой модели. Координаты каждой контрольной пластины были получены с помощью GNSS-систем Trimble® R4 и ProMark3 Magellan® с миллиметровой точностью в первый и второй день миссии соответственно (рис. 9). Две GPS-базы были установлены в одной и той же точке в течение обоих дней миссии, и время, необходимое для получения координат в каждой точке, составляло десять минут. Данные ProMarker3 были обработаны с помощью программного обеспечения GNSS Solutions®.

Рисунок 9 - А) Полевая контрольная точка, сделанная с помощью керамической пластины 35 х 35 см; В) Получение географических координат полевых контрольных точек с помощью Trimble GPS R4; C) Аэрофотоснимок, сделанный с помощью БПЛА экспериментального участка кукурузы с полевой контрольной пластиной.

Источник: Автор (2015).

Процесс получения изображений проходил 16 и 17 октября 2015 года, причем в первый день был выполнен один полет, а во второй - два.

В первый день использовался Phantom 2, предоставленный компанией CADIC AS Group, с 16-мегапиксельной камерой Ricoh GRLENS и фокусным расстоянием 18,3 мм. Перекрытие составляло 65 % бокового и 85 % фронтального, скорость - 5 м/с, высота - 60 м.

Во второй день использовался БПЛА DJI Phantom 2 из Федерального университета штата Сеара с камерой GoPro Hero 4 Silver "рыбий глаз", 12 мегапикселей и фокусным расстоянием 2,8 мм. В этот день было выполнено два полета на разных высотах - 60 м и 30 м - для последующего анализа. Перекрытие изображений составляло 65 % бокового и 85 % фронтального, скорость полета - 5 м/с. 30-метровый полет охватывал площадь 100 м x 100 м. Для лучшего понимания в таблице 1 приведены краткие сведения о миссиях.

Таблица 1 - Технические характеристики полетов, выполненных в Лимоэйру-ду-Норти, штат Сеара, Бразилия.

Дата вылета	Оборудование	Высота рейс	Скорость полета
16 октября 2015 г.	Phantom 2, Ricoh GRLENS, 16 MP.	60 метров	5 м/с
17 октября 2015 г.	Phantom 2, GoPro Hero 4 Серебро, 12 МП.	60 метров	5 м/с
17 октября 2015 г.	Phantom 2, GoPro Hero 4 Серебро, 12 МП.	30 метров	5 м/с

Источник: Автор (2015).

3.3 Обработка данных

Для работы использовался компьютер с процессором Intel Core™ i7-3770 3,40 ГГц, 8 ГБ оперативной памяти и 64-битной операционной системой Windows 8. Использовалась программа *PhotoScan* от *AgiSoft*, благодаря простому интерфейсу, доступности и популярности в работах подобного рода. Обработка разделена на семь этапов: 1^a) импорт аэрофотоснимков 2a) выравнивание изображений 3a) калибровка камеры 4a) создание сетки и привязка к местности 5a) создание плотного облака точек 6a) создание ортофотоплана и экспорт отчета 7a) экспорт облака точек (рис. 10). Программное обеспечение также позволяет текстурировать 3D-модель, а также использовать другие возможности рабочего процесса.

Рисунок 10 - Блок-схема обработки аэрофотоснимков в программе *PhotoScan от AgiSoft*.

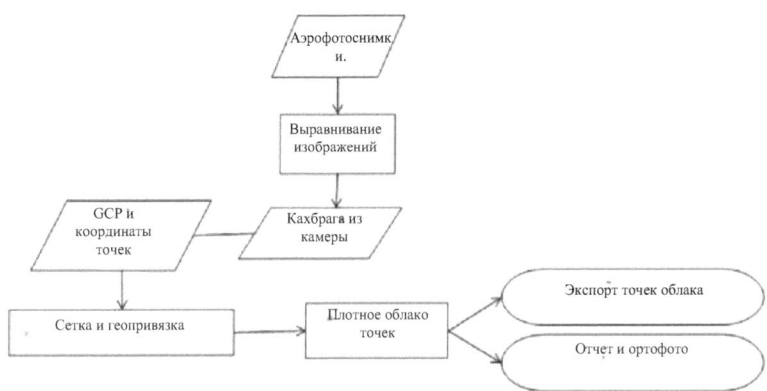

Источник: Автор (2015).

Перед выравниванием изображений необходимо указать систему координат и *точку отсчета*. Выравнивание изображений основано на распознавании паттернов на фотографии (алгоритм *Structure from Motion*), и его качество напрямую зависит от процента перекрытия изображений.

Для калибровки камеры можно использовать некоторые коммерческие программы. В данной работе использовалась программа *AgiSoft Lens*. Это программное обеспечение рассчитывает коэффициенты дисторсии камер на основе стандарта. В случае сферических объективов *(рыбий глаз)* такие поправки не требуются (*AGISOFT*, 2013).

Для сравнения был рассчитан ряд параметров, наиболее важным из которых является *расстояние выборки грунта* (GSD, см/пиксель). Эти данные показывают размер стороны пикселя и относятся к уровню детализации изображения. GSD рассчитывается в соответствии с приведенным ниже уравнением:

$$GSD = \frac{Hw \times H \times 100}{Fr \times Imh} \qquad (1)$$

В котором:

GSD = *расстояние отбора проб грунта* (см/пиксель);

Hw = датчик высоты (длина датчика, мм);

H = высота полета (м);

Fr = фокусное расстояние (фокусное расстояние камеры, мм);

Imh = Image Heigth (ширина изображения, пиксели).

Параметры вышеприведенного уравнения должны быть указаны в руководстве к каждой камере. В таблице 2 ниже приведены параметры для двух камер, использованных в данной работе.

Таблица 2 - Характеристики размеров сенсоров используемых камер и *расстояние отбора проб грунта*.

Камера	Hw (мм)	Fr (мм)	Имх (pxl-)	H (м)	GSD (см/пкс)
РИКОХ, ГРЛЕНС 18,3.	15,5649	18,3	3264	60	1,563
GOPRO HERO 4 SILVER	4,29	2,8	2880	60	3,192
GOPRO HERO 4 SILVER	4,29	2,8	2880	30	1,596

Hw = высота сенсора (высота сенсора, мм); Fr = фокусное расстояние (фокусное расстояние камеры, мм); Imh = высота изображения (высота изображения, пикселей); H = высота полета (м); GSD = *расстояние отбора проб на местности* (см/пиксель). Источник: инструкции по эксплуатации соответствующих камер и автор (2015).

PhotoScan рассчитывает GSD для каждой выполненной обработки, всегда получая приблизительное среднее значение. Используя данные из облака точек, было рассчитано фактическое значение GSD, исходя из количества пикселей, созданных моделью (плотное облако точек), и площади пролета, в соответствии с приведенным ниже уравнением:

$$GSD' = \frac{\textit{Зона облета}}{\textit{Количество пикселей}}$$

В котором:

GSD' = *расстояние отбора проб грунта*, рассчитанное вручную (м/пиксель);

Количество пикселей в модели (пикселей), полученных из облака точек;

Площадь пролета была получена из отчета об обработке.

Полог гибрида кукурузы AG1051 достаточно однороден, что облегчает отбор проб высоты растений в полевых условиях. В первый и второй день миссии было проведено восемь случайных измерений высоты растений.

Погрешность высоты рассчитывалась путем сравнения значения высоты GNSS, использованного для привязки модели, и значения высоты, найденного программным обеспечением из плотного облака точек. Точки, использованные для расчета погрешности, были точно нанесены на керамические плитки, использованные для привязки модели, из плотного облака точек, где были собраны географические данные.

Данные из плотного облака точек были сгруппированы по классам высот, чтобы облегчить их чтение и манипулирование ими. Для этого было использовано программирование на C++, что позволило сократить объем повторяющихся данных. Для данных, полученных в ходе трех полетов, были также рассчитаны средняя высота и стандартное отклонение облака точек, чтобы оценить разброс данных вокруг среднего значения высоты. В столбец была добавлена информация о частоте появления каждого класса высоты для последующего построения гистограммы.

Эта гистограмма, связывающая высоту пикселей с частотой их обнаружения, оказалась важной для определения наиболее часто встречающихся высот, которые были отнесены к высоте стояния кукурузных культур и высоте обнаженной почвы. Для выявления классов высот, составляющих от 0,5 до 99,5

%, был проведен тест вероятности, при этом классы за пределами этого диапазона не учитывались, так как считались выбросами. Амплитуда классов высот рассчитывалась как разница между значениями высот с частотой 99,5 % и 0,5 %.

Разница между высотой растений и высотой голой земли дала среднюю высоту растений и была сравнена с высотой растений в поле.

Высота растений кукурузы оценивалась с использованием трех стратегий сбора данных и сравнивалась со значениями, полученными при отборе образцов высоты на поле. Эти стратегии описаны ниже:

•   Полет 1: Фантом, оснащенный камерой Ricoh GRLENS 18.3, 16 МПикселей, обработка в программе PhotoScan, на высоте 60 метров, привязка к местности с помощью Trimble® R4 GNSS;

•   Полет 2: Фантом оснащен камерой GoPro Hero 4 Silver; 12 МПикселей, обработка в программе PhotoScan, на высоте 60 метров, привязка к местности с помощью ProMark3 Magellan®;

•   Полет 3: Фантом оснащен камерой GoPro Hero 4 Silver; 12 МПикселей, обработка в программе PhotoScan, на высоте 30 метров, привязка к местности с помощью ProMark3 Magellan®.

4   РЕЗУЛЬТАТЫ И ОБСУЖДЕНИЕ

4.1. Ортофотоснимки и привязка к местности

На рисунках 11 и 12 представлены ортофотоснимки, полученные в результате обработки системой сбора, состоящей из камеры Ricoh GRLENS и БПЛА Phantom 2, а также GoPro Hero 4 Silver и Phantom 2, соответственно, на высоте 60 метров. Правильность привязки была проверена с помощью программного обеспечения ГИС (географической информационной системы) ArcGis, ESRI™, в котором при загрузке ортофотоснимков было проверено, что точки, полученные с помощью GPS, правильно расположены на полевых контрольных плитах (ПКП).

Рисунок 11 - Ортофотоснимок с привязкой к местности, полученный в результате обработки 1 (Phantom 2 + Ricoh GRLENS), район выращивания кукурузы, Лимоэйру-ду-Норти, штат Сеара, Бразилия, 2015 год.

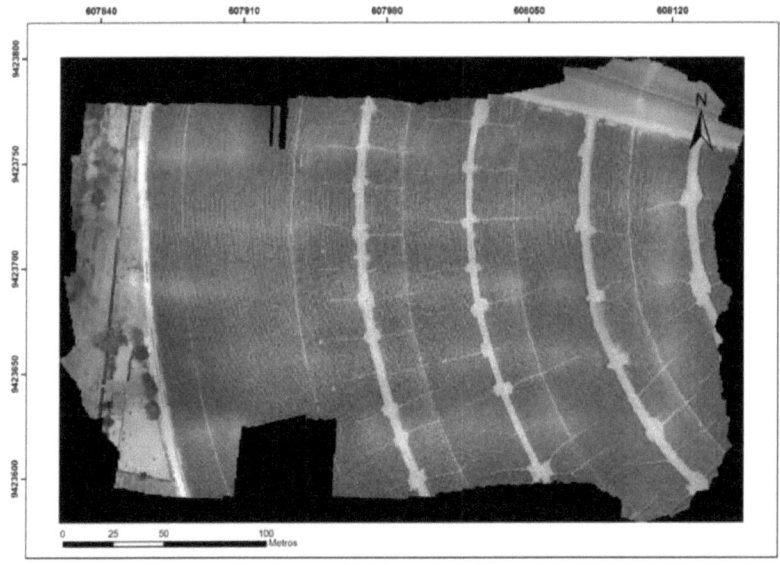

Источник: Автор (2015).

На рисунке 11 выше показаны линии, по которым движется техника, чтобы облегчить уборку зеленой кукурузы, которая производится вручную. Также

27

видны линии, проложенные центральными поворотными колесами.

Рисунок 13 - Ортофотоснимок с привязкой к местности, полученный в результате обработки 2 (Phantom 2 + GoPro Hero 4 Silver), участок возделывания кукурузы, Лимоэйру-ду-Норти, штат Сеара, Бразилия, 2015 год.

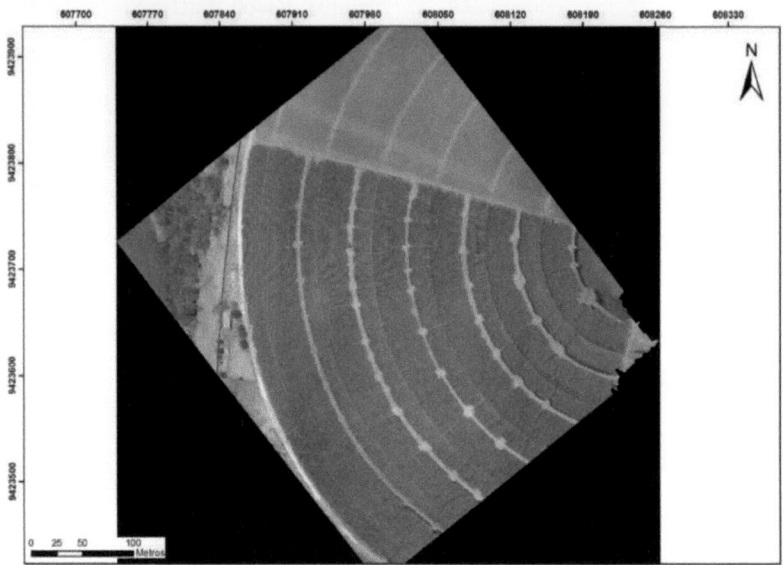

Источник: Автор (2015).

Заметные разрывы на рис. 11 объясняются отсутствием наложения изображений или недостаточным наложением. Поле зрения Ricoh GRLENS меньше, чем у GoPro, что объясняется типом объектива, используемого в каждой камере: плоский у Ricoh GRLENS и сферический (*рыбий глаз*) у GoPro. В случае ортофото, полученного GoPro вместе с БПЛА Phantom 2, видна большая площадь, покрываемая матрицей камеры, несмотря на одинаковую высоту полета. Разрешение изображений, полученных с помощью Ricoh GRLENS, выше, чем у GoPro, как видно на рис. 11 и 12. Это связано с количеством пикселей, генерируемых матрицей каждой камеры (Ricoh GRLENS = 16 МП, GoPro = 12 МП).

Чтобы лучше организовать последующие таблицы (таблицы 3-7), системы сбора были определены следующим образом:

Обработка 1 - Phantom 2; камера Ricoh GRLENS 18.3; пролет с высоты 60 метров;

Обработка 2 - Phantom 2; камера GoPro Hero 4 Silver; полет на высоте более 60 метров;

Обработка 3 - Phantom 2; камера GoPro Hero 4 Silver; пролет с высоты 30 метров.

Нейтцель и Клоновски (2011) сравнили плотные облака точек, построенные с помощью различных программ, представленных на рынке (Photosynth, Blunder, PMVS2, *PhotoScan*, ARC3D), и обнаружили, что в модели, созданной с помощью *PhotoScan*, на квадратный метр приходится примерно 110 точек. Видно, что построение плотного облака в вышеупомянутой работе было менее разнесено, чем в двух процессах, выполненных в данной монографии, вероятно, из-за того, что было меньше перекрытия изображений (70% фронтальных и 60% боковых), как показано в таблице 3.

Таблица 3 - Ошибки геопривязки и количество точек на квадратный метр облаков точек, полученных в результате обработки.

Обработка	Минимальная погрешность (m)	Максимальная ошибка (m)	Средняя ошибка (m)	Баллы за метр^2
1	0,02	0,31	0,15	440,06
2	0,04	0,56	0,31	60,81
3	0,14	0,65	0,34	281,89

Источник: Автор (2015).

Бахманн *и др.* (2013) использовали *PhotoScan* для создания ортофотоснимков сельскохозяйственной территории, подробно описав методы, использованные для создания модели. Они протестировали систему получения географических данных от самого БПЛА (Oktokopter, HiSystems GmbH) и от системы RTK-GNSS с миллиметровой точностью. Было замечено, что в системе получения данных с БПЛА ошибки в ортофото достигают 1,6 м, в то время как в системе получения данных с RTK-GNSS минимальная ошибка составляет 0,3 м, а максимальная - 1,3 м. Эти значения близки к ошибкам, полученным в данном исследовании, как показано в таблице 3.

. На рисунке 13 показаны сегменты площадью 1 га (10 000 м^2), выделенные из всех выполненных полетов. Заметна разница в цвете пикселей, связанная с качеством изображения камеры Ricoh GRLENS по сравнению с камерой GoPro. Также между рисунками В и С есть разница в уровне детализации, поскольку при полетах на меньшей высоте детализация более заметна.

Рисунок 13 - Ортофотоснимки с географической привязкой с 3 участков

примерно 1 га, район выращивания кукурузы, Лимоэйру-ду-Норти, штат Сеара, Бразилия, 2015 г. А) Обработка 1; В) Обработка 2; С) Обработка 3.

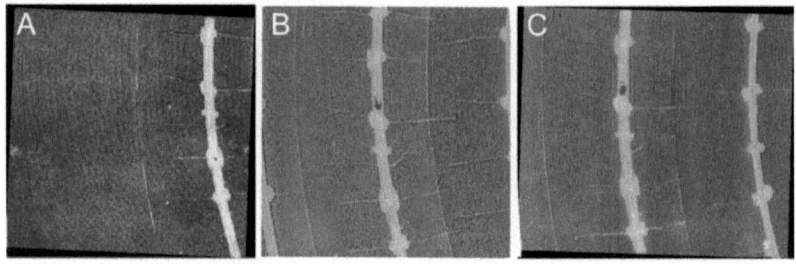

Источник: Автор (2015).

Для сравнения на рисунке 14 показан уровень детализации между полетами на высоте 60 и 30 метров, снятыми камерой GoPro Hero 4 Silver.

Рисунок 14 - Сравнение уровня детализации двух изображений, сделанных одной и той же камерой на двух разных высотах: А) Обработка 2, высота 60 метров; В) Обработка 3, высота 30 метров.

Источник: Автор (2015).

4.2. Плотное облако точек и цифровая модель рельефа

Сравнение количества 3D-точек, распознанных алгоритмом как паттерны (*Tie points*), показывает уровень детализации продуктов, а также количество точек, сгенерированных в плотном облаке, согласно таблице 4. Обработка 2, выполненная с использованием изображений с камеры GoPro на высоте 60 метров, оказалась обработкой с наименьшим количеством 3D-точек, что привело к созданию небольшого файла продукта. Тем не менее, оценка метода не выявила проблем с надежностью результатов и неточностью полученных высот.

Таблица 4 - Подробные характеристики плотных облаков точек и файлов после манипуляций в С++.

Данные	*Ничья*	Количество точек в плотном облаке	Размер создаваемого файла (МБ)	Размер сгруппированного файла (kB)
Обработка 1	19.553	7.378.621	497	22
Обработка 2	3.575	3.484.787	72	10,4
Обработка 3	24.358	4.729.222	370	9

Источник: Автор (2015).

На рисунке 15 показаны плотные облака точек, полученные в результате соответствующей обработки при различных уровнях масштабирования. Роснелл и Хонкаваара (2012) отмечают, что качество и точность облака точек в

31

цифровой модели зависит от процента перекрытия изображений и эффективности метода выравнивания. Созданные облака также можно охарактеризовать двумя показателями качества: полнотой облака и точностью отдельных точек. Качество облаков зависит от нескольких факторов, таких как освещенность и скорость ветра в момент получения аэрофотоснимков, качество сенсоров, параметры атмосферы, схожесть пикселей на снимках (отсутствие геометрических узоров). Авторы также отмечают, что точность отдельных точек обусловлена качеством географического позиционирования точек, используемых при привязке, и качеством оборудования GNSS, а также количеством используемых полевых контрольных точек.

Рисунок 15 - Плотное облако точек (участок площадью 1 га), полученное в результате обработки в программе *PhotoScan,* рассмотренное под разными углами. A) Обработка 1; B) Обработка 2; C) Обработка 3.

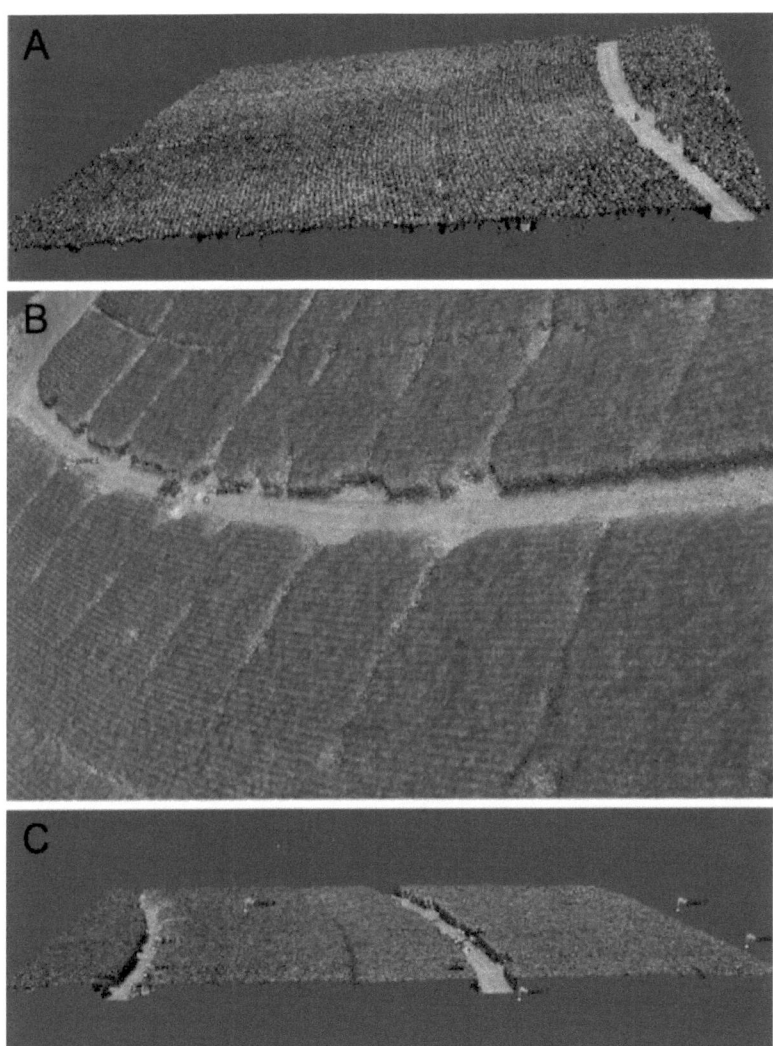

Источник: Автор (2015).

Zarco-Tejada *et al.* (2014) попытались оценить качество распознавания высоты растений (оливковых деревьев) с помощью недорогой камеры. Авторы обнаружили высокую корреляцию ($R^2 = 0,83$) между данными из облака точек и измерениями высоты в полевых условиях, а также оценочную ошибку в 0,35 см, что свидетельствует о больших возможностях точности метода реконструкции цифровых моделей рельефа с помощью БПЛА. На рисунке 16

33

ниже представлены цифровые модели рельефа исследуемой территории. Следует отметить, что максимальные и минимальные высоты на рисунках ниже - это данные, относящиеся к привязке к местности с помощью оборудования GNSS, и поэтому они отличаются для обработки 1, поскольку высота (уровень земли), учитываемая прибором R4 Trimble, отличается от высоты, учитываемой ProMark 3.

Рисунок 16 - Цифровые модели рельефа, созданные с помощью программы *PhotoScan*. А) Обработка 1; В) Обработка 2; С) Обработка 3.

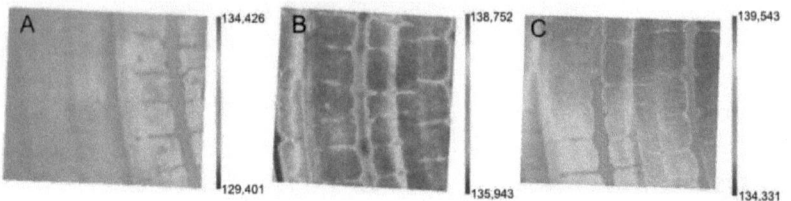

Источник: Автор (2015).

В таблице 5 приведены значения высоты растений, измеренные в полевых условиях, всего восемь образцов на площади 1 га. В таблице 6 приведены погрешности высот, полученные в результате обработки данных.

Таблица 5 - Высота растений во время отбора проб.

Образец	1	2	3	4	5	6	7	8	Среднее
Высота растения (м)	2,2	2,02	2,3	2,3	2,26	2,2	2,34	2,15	2,22

Таблица 6 - Ошибки высоты по данным плотного облака точек и стандартное отклонение.

Обработка	Диапазон высот (м)	Погрешность высоты (м)	Средняя высота (м)	Отклонение Стандарт (м)
1	2,659	0,03	132,08	0,77
2	2,598	0,25	137,36	0,75
3	3,189	0,26	137,67	0,94

Источник: Автор (2015).

Амплитуды высоты были рассчитаны без учета экстремальных значений, учтенных в модели облака точек. Средняя высота кукурузы составила 2,22 м, что свидетельствует о близком приближении к значениям, полученным с помощью облака, и подтверждает значения, полученные в работе Zarco-Tejada *et al.* (2014). Ошибка высоты, полученная при сравнении значений высоты ГНСС со значениями высоты облака, была признана приемлемой. Обработка 1, выполненная с использованием изображений с камеры Ricoh GRLENS, показала низкое значение ошибки, сравнимое с данными Зиберта и Тейзера (2014), которые провели испытания для оценки точности определения высоты и получили 0,025 м при использовании *PhotoScan*.

Значение стандартного отклонения, полученное в обработке 2, указывает на то, что среди всех обработок именно в этой были получены наименьшие колебания высоты вокруг среднего значения, что обеспечивает большую достоверность данных. Несмотря на хорошее перекрытие изображений, полученное с помощью камеры GoPro, в обработке 3 было всего 8 контрольных точек для привязки к местности (площадь облета 1,1 га), в отличие от других обработок (9 контрольных точек), что может быть причиной большего разброса точек вокруг среднего значения. В случае Обработки 1, хотя средняя ошибка высоты была ниже, а ее привязка включала 9 контрольных точек на поле, ее стандартное отклонение было промежуточным. Это можно объяснить малым перекрытием изображений по сравнению с видом со сферического датчика GoPro.

4.3. Проверка вероятности и распределение высоты

Приведенные ниже графики (Рисунок 17) были построены на основе соответствующих тестов вероятности для высот (B, D и F) и частоты, с которой эти высоты были определены (A, C и E). Графики проверки вероятности важны для понимания построения облака точек, а также надежности результатов. Данные о высотах, соответствующие значениям ниже 0,5 и 99,5 % вероятности, были исключены из анализа, что позволило уменьшить дисперсию значений вокруг среднего за счет исключения выбросов. Анализ данных вероятностного теста оказался согласованным при сравнении со значениями высоты растений, полученными в полевых условиях.

После группировки данных в C++ повторяющиеся или очень близкие высоты были объединены в классы, чтобы данные было легче понять и прочитать. Графики "Высота x Частота" показывают количество раз, когда определенная высота была идентифицирована в классе. Из этих графиков дедуктивно выводятся наибольшие и наименьшие пиковые значения, при этом значения высоты, которые наиболее часто повторяются в облаке точек, интерпретируются как высота голой почвы и растений. Благодаря однородности коммерческих посадок, данные, полученные в ходе процессов 2 и 3, достоверно описывают реальные полевые значения, поскольку при сравнении пиковых значений со значениями, полученными в поле, высоты оказались очень близкими.

Рисунок 17 - Распределение вероятности высоты. А и В) обработка 1; С и D) обработка 2; Е и F) обработка 3.

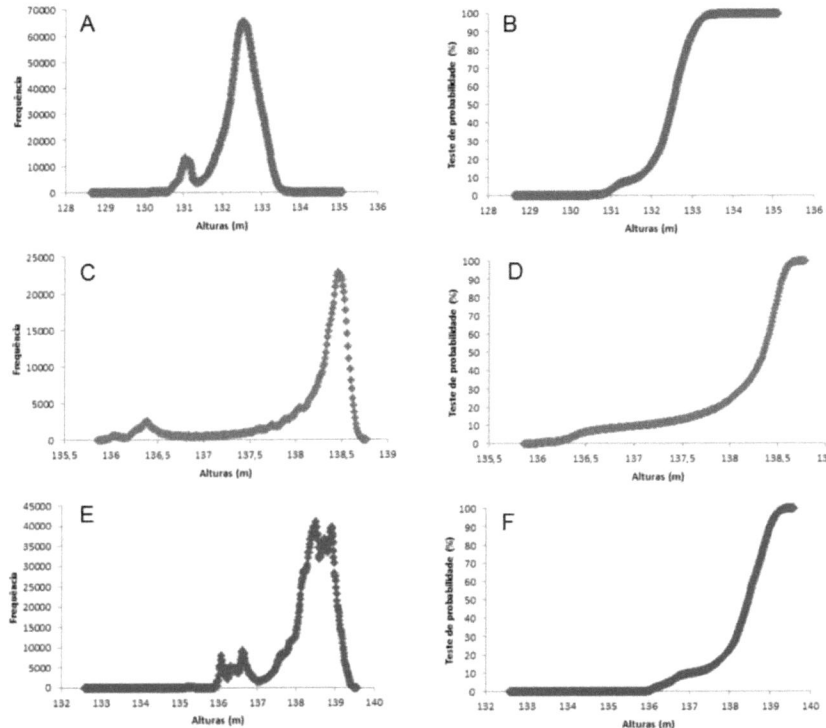

Источник: Автор (2015).

В целом графики похожи, и можно выявить узнаваемую закономерность. Пики, наблюдаемые на графике А, расположены ближе друг к другу, что свидетельствует о небольшой амплитуде между значениями, в то время как на графике Е картина дифференцирована, с четырьмя четко выраженными пиками. Причина такого поведения может быть связана с качеством геопривязки (выполняемой только с восемью контрольными точками на местности), которая оказывает непосредственное влияние на качество облака точек, в отличие от других графиков.

Таблица 7 - Высоты из теста на вероятность и определение наиболее частых значений в гистограмме высот.

Обработка	H0,5% (м)	H99.5% (м)	Самая высокая	Малый пик ( )^m	ΔH (м)	Ошибка (м)

37

		вершина $(\ )^m$				
1	130,754	133,413	132,533	131,034	1,499	0,701
2	136,062	138,660	138,461	136,392	2,069	0,131
3	136,034	139,223	138,503	136,604	1,899	0,301

H0,5% - класс высоты при 0,5%; H99,5% - класс высоты при 99,5% проверке вероятности; ∆H - разница высот между самой высокой и самой низкой вершиной классов высоты. Источник: Автор (2015).

Приведенные выше значения ошибок были получены путем вычитания высоты растений кукурузы из средней высоты, полученной при обработке точек. Значения разности высот (∆H), **приведенные** в таблице 8, можно сравнить со средней высотой кукурузы, оцененной в поле, при этом обработка 2 оказалась наиболее близкой - 2,22 м.

H0,5% - класс высоты при 0,5%; H99,5% - класс высоты при 99,5% проверке вероятности; ∆H - разница высот между самой высокой и самой низкой вершиной классов высоты. Источник: Автор (2015).

5 ВЫВОДЫ

Найденная ошибка высоты (менее 0,26 м) может считаться приемлемой, исходя из опыта аналогичных работ. Полет 1 (камера Ricoh GRLENS 18.3; 16 МПикселей, на высоте 60 метров, с привязкой к GNSS Trimble® R4) показал наименьшую ошибку (0,03 метра). Можно сделать вывод, что качество и точность полученных высотных данных напрямую зависят от точности системы GNSS, используемой при съемке.

Сравнение средней высоты полога, полученной из плотного облака точек, полученных в ходе полета 2 (Phantom, оснащенный камерой GoPro Hero 4 Silver; 12 МПикселей, на высоте 60 метров, привязка к местности с помощью ProMark3 Magellan®), с высотой растений, отобранных на земле, показало, что обработка была наиболее близка к реальной высоте растений (ошибка 13 сантиметров), и такие условия рекомендуются для определения высоты полога.

Предложенная методика оказалась точной при оценке высоты полога кукурузы и может быть рекомендована для работы с другими видами, например, лесными и плодовыми деревьями.

ССЫЛКИ

AGISOFT LLC, 2013. Руководство пользователя *AgiSoft* PhotoScan. Professional Edition, Version1.0.0   .Available at   :

<http://www.AgiSoft.ru/pscan/help/en/pscan_pro.pdf.>. Accessed on: 20 December 2015.

ANTUNES, A. F. B.; HOLLATZ, R. C. V. Недорогой многоцелевой технический кадастр с использованием БПЛА (беспилотного летательного аппарата). **Бразильский симпозиум по дистанционному зондированию,** т. 17, с. 5858-5864,   2015. Available   at:

<http://www.dsr.inpe.br/sbsr2015/files/p1205.pdf>. Accessed 17 Dec. 2015.

AMICI, S. et al. Мониторинг вулканической среды с помощью беспилотников на   примере   грязевого   вулкана.   **Международный   архив   наук   о фотограмметрии,   дистанционном   зондировании   и   пространственной информации,** Германия, т. 1, с. W2,   2013. Доступно на   at:

      <

https://www.researchgate.net/profile/Stefania_Amici/publication/25661506
2_VOLCANIC_ENVIRONMENTS_MONITORING_BY_DRONES_MU
D_VOLCANO_CASE_STUDY/links/00b4952cbcc47a9fc3000000.pdf>.

Accessed on: 12 Dec. 2015.

BACHMANN, F. et al. Создание ортофотоснимков с привязкой к местности на основе микро-БПЛА в режиме VIS+ NIR для точного сельского хозяйства. **Int. Arch. Photogramm. Remote Sens. Spat. Inf. Sci**, p. 11-16, 2013. Доступно

at:<http://www.int-arch-photogramm-remote-sens-spatial-inf-sci.net/XL-   1-W2/11/2013/isprsarchives-XL-1-W2-11-2013.pdf>. Accessed on: 27 December 2015.

BALUJA, J. et al. Оценка изменчивости водного статуса виноградников по тепловым   и   мультиспектральным   снимкам   с   помощью   беспилотного летательного аппарата (БПЛА). **Irrigation Science**, v. 30, n. 6, p. 511-522, 2012. Available at: < http://link.springer.com/article/10.1007/s00271-012-0382-9>. Accessed on: 15 Dec. 2015.

BELLVERT, J. et al. Картирование индекса водного стресса культур на винограднике сорта 'Pinot- noir': сравнение наземных измерений с тепловыми изображениями дистанционного зондирования, полученными с помощью беспилотного летательного аппарата. **Precision agriculture**, v. 15, n. 4, p. 361-376, 2014. Disponivel em: <http://link.springer.com/article/10.1007/s11119-013-9334-5#>. Accessed on: 15 Dec. 2015.

BENDIG, J. et al. Оценка биомассы ячменя с помощью моделей поверхности посевов (CSM), полученных на основе RGB-снимков с БПЛА. **Remote Sensing**, v. 6, n. 11, p. 10395-10412, 2014. Available at: < http://www.mdpi.com/2072-4292/6/11/10395/htm>. Accessed on 16 December 2015.

BRANCO, L. H. C.; SEGANTINE, P. C. L. Беспилотные летательные аппараты как дистанционные датчики, помогающие обнаруживать дефекты дорожного покрытия. **Бразильский симпозиум по дистанционному зондированию,** т. 17, с. 5834-5841, 2015. Доступно на   at:

<http://www.dsr.inpe.br/sbsr2015/files/p1198.pdf>. Accessed 17 Dec. 2015.

БРАЗИЛИЯ. Министерство обороны. Командование аэронавтики. **Дистанционно пилотируемые авиационные системы и доступ к воздушному пространству Бразилии**. 2015.

BRITO, J. L. S. et al. Использование аэрофотоснимков с беспилотного летательного аппарата (БПЛА) для оценки зеленого покрова культурных пастбищ на двух экспериментальных участках в муниципалитете Уберландия-МГ. **Brazilian Symposium on Remote Sensing**, v. 17, p. 1360-1367, 2015. Available at: <http://www.dsr.inpe.br/sbsr2015/files/p0251.pdf>. Accessed on 17 December 2015.

CALDERÓN, R. et al. Воздушные гиперспектральные и тепловые изображения высокого разрешения для раннего обнаружения вертициллезного увядания оливы с использованием флуоресценции, температуры и узкополосных спектральных индексов. **Дистанционное зондирование окружающей среды,** т. 139, с. 231-245, 2013. Available at:

<http://www.sciencedirect.com/science/article/pii/S0034425713002435>. Accessed on: 15 Dec. 2015.

Касбир, Д. В. и др. Мониторинг лесных пожаров с помощью нескольких малых БПЛА. В сборнике: **Американская конференция по управлению, 2005. Proceedings of the 2005.** IEEE, USA, Jun 2005. p. 3530-3535. Available at: < http://ieeexplore.ieee.org/xpls/abs_all.jsp?arnumber=1470520&tag=1>.

Accessed 12 Dec. 2015.

CASSEMIRO, G. H. M.; PINTO, H. B. **Составление и обработка аэрофотоснимков высокого разрешения, полученных с помощью беспилотника.** Бразилиа: 2014. Доступно at:

<https://fga.unb.br/articles/0000/7686/TCC2_GuilhermeCassemiro_09011 5465_e_HugoBorges_090116461_v2.pdf>. Accessed on: 18 December 2015.

НАЦИОНАЛЬНАЯ КОМПАНИЯ ПО СНАБЖЕНИЮ. CONAB Мониторинг урожая 2014/2015, 2015. Доступно по адресу:

<http://www.conab.gov.br/conteudos.php?a=1253&>. Accessed on: 18 Dec. 2015.

Чабук А., Девеси А., Эргинкан Ф. Совершенствование документации по наследию. **GIM International,** v. 21, n. 9, 2007.

DANDOIS, J. P.; OLANO, M.; ELLIS, E. C. Оптимальная высота, перекрытие и погодные условия для оценки структуры леса с помощью БПЛА компьютерного зрения. **Remote Sensing,** v. 7, n. 10, p. 13895-13920, 2015. Available at: <http://www.mdpi.com/2072-4292/7/10/13895/htm>. Accessed on: 18 Dec. 2015.

ДЕМУРА, Т.; ЙЕ, З.. Регуляция производства биомассы растений. **Current**

opinion in plant biology, v. 13, n. 3, p. 298-303, 2010. Available at: <http://www.sciencedirect.com/science/article/pii/S1369526610000208>. Accessed on: 18 Dec. 2015.

D'OLEIRE-OLTMANNS, S. et al. Беспилотный летательный аппарат (БПЛА) для мониторинга эрозии почвы в Марокко. **Remote Sensing**, v. 4, n. 11, p. 33903416, 2012. Available at: < http://www.mdpi.com/2072-4292/4/11/3390/htm>. Accessed on: 15 Dec. 2015.

ДОХЕРТИ, П. Передовые исследования с автономными беспилотными летательными аппаратами. In: **KR**. Sweden, 2004. p. 731-732. Available at: < http://www.aaai.org/Papers/KR/2004/KR04-076.pdf>. Accessed on: 11 December 2015.

DOMINGUES, A. N. et al. Агрономические характеристики гибридов кукурузы для производства силоса в штате Мату-Гросу, Бразилия. **Acta Scientiarum. Animal Sciences**, v. 35, n. 1, p. 7-12, 2013. Available at: < http://www.scielo.br/scielo.php?pid=S1807-86722013000100002&script=sci_arttext>. Accessed on: 18 Dec. 2015.

DUBAYAH, R. O. et al. Оценка высоты тропического леса и динамики биомассы с помощью лидарного дистанционного зондирования в Ла-Сельва, Коста-Рика. **Journal of Geophysical Research: Biogeosciences** (2005-2012), v. 115, n. G2, 2010. Доступно   at: <http://onlinelibrary.wiley.com/doi/10.1029/2009JG000933/pdf>. Accessed on: 18 Dec. 2015.

EISENBEISS, H.; ZHANG, L. Сравнение PCM, полученных с помощью мини-БПЛА и наземного лазерного сканера, для применения в области культурного наследия. **Международный архив фотограмметрии, дистанционного зондирования и наук о пространственной информации XXXVI-5**, Швейцария, 90e96, 2006.

Доступно по адресу: <

http://www.isprs.org/proceedings/XXXVI/part5/paper/EISE_649.pdf>.
Accessed on: 11 December 2015.

БРАЗИЛЬСКАЯ корпорация СЕЛЬСКОХОЗЯЙСТВЕННЫХ ИССЛЕДОВАНИЙ. **Информационное агентство EMBRAPA**. 2015. Доступно по адресу:
<https://www.embrapa.br/agua-na-agricultura/observatorio-safra-2014-   2015>. Accessed on: 18 Dec. 2015.

FAN, J. et al. Моделирование корреляции EXiF-изображений для обнаружения манипуляций с изображениями. in: Image Processing (iCiP), **18th IEEE International Conference on.** IEEE, 2011. p. 1945-1948. Available at: < http://ieeexplore.ieee.org/xpls/abs_all.jsp?arnumber=6115853&tag=1>. Accessed on: 18 Dec. 2015.

FAHLsTROM, P.; GLEAsON, T. **Introduction to UAV systems**. John Wiley & Sons, 2012. Доступно по адресу:
<https://books.google.com.br/books?hl=enBR&lr=&id=uLsNtm99iWYC& oi=fnd&pg=EN9&dq=introduction+to+uAV+systems&ots=lPiNCb8ZiA &sig=9fCMYtNuXVeXtZtrATiCWYsFuOk#v=onepage&q=introduction %20to%20uAV%20systems&f=false>. Accessed on: 19 Dec. 2015.

FAssNACHT, F. E. et al. Важность размера выборки, типа данных и метода прогнозирования для оценок надземной биомассы леса на основе дистанционного зондирования. **Дистанционное зондирование окружающей среды**, т. 154, с. 102-114, 2014. Available at:
<http://www.sciencedirect.com/science/article/pii/s0034425714003022>. Accessed on: 19 Dec. 2015.

FAVARIN, J. A. S. et al. Аэрофотосъемка древостоя Pinus taeda L. с помощью беспилотного летательного аппарата MD4-1000 Microdrone. **Brazilian Symposium on Remote Sensing**, v. 16, p. 9340-9346, 2013. Available at: <http://www.dsr.inpe.br/sbsr2013/files/p1070.pdf>. Accessed on: 16 Dec. 2015.

ФЭН, К.; ЛЮ, Ж.; ГУН, Ж.. Дистанционное зондирование с БПЛА для картографирования городской растительности с использованием Random Forest и текстурного анализа. **Remote Sensing**, v. 7, n. 1, p. 1074-1094, 2015. Available at: < http://www.mdpi.com/2072- 4292/7/1/1074/htm>. Accessed on: 16 Dec. 2015.

FLYNN, K. F.; CHAPRA, S. C. Дистанционное зондирование погруженной водной растительности в мелкой нетурбидной реке с помощью беспилотного летательного аппарата.

Дистанционное зондирование, v. 6, n. 12, p. 12815-12836, 2014. Available at: < http://www.mdpi.com/2072-4292/6/12/12815/htm>. Accessed on: 14 Dec. 2015.

Фишер, Р. Б. и др. **Словарь компьютерного зрения и обработки изображений**. John Wiley & Sons, 2013. Доступно по адресу: < https://books.google.com.br/books?hl=pt-BR&lr=&id=TaEQAgAAQBAJ&oi=fnd&pg=EN8&dq=Dictionary+of+Computer+Vision+and+Image+Processing.+Wiley,+Chichester&ots=UYBtoxxod2&sig=Zm0a7_Kb8P7FMG6rty8LsIEnVEM#v=onepage&q=Dictionary%20of%20Computer%20Vision%20and%20Image%20Processing.%20Wiley%2C%20Chichester&f=false>. Accessed on: 15 Dec. 2015.

ПРОДОВОЛЬСТВЕННАЯ И СЕЛЬСКОХОЗЯЙСТВЕННАЯ ОРГАНИЗАЦИЯ. **Ежегодник ФАО по производству**. Рим, ФАО, 2013 г. Доступно по адресу : <http://faostat3.fao.org/browse/Q/QC/E>. Accessed on: 18 Dec. 2015.

ГАРНЕТТ, Т. и др. Устойчивая интенсификация в сельском хозяйстве: предпосылки и политика. **Science**, v. 341, n. 6141, p. 33-34, 2013. Available at: <https://www.expo.cnr.it/it/system/files/Science-2013-Garnett-33-4.pdf>. Accessed on: 17 Dec. 2015.

Глейд, Д. **Беспилотные летательные аппараты: последствия для военных операций**. Air University Press Maxwell Air force base, Alabama, 2000. Доступно по адресу: <http://www.au.af.mil/au/awc/awcgate/cst/csat16.pdf>. Accessed on: 10

December 2015.

GOESELE, M. et al. Многоракурсное стерео для коллекций фотографий сообщества. В сборнике: Компьютерное зрение, 2007. ICCV 2007. **IEEE 11th International Conference on.** IEEE, 2007. p. 1-8. Available at: <http://ieeexplore.ieee.org/xpls/abs_all.jsp?arnumber=4408933>. Accessed on: 17 Dec. 2015.

ГОМЕС, Л. Н. AutoCAD и картографический приемник GNSS в привязке сельскохозяйственных территорий по аэрофотоснимкам, полученным с помощью дрона. **Бразильский симпозиум по дистанционному зондированию,** т. 17, с. 1360- 1367, 2015. Available at   :<

http://www.dsr.inpe.br/sbsr2015/files/p0293.pdf>. Accessed 17 Dec. 2015.

Гомес, К. Структура от движения и вейвлет-декомпозиция для анализа обнажений. **Технический доклад в HAL Archives en Ligne.** p. 15. 2014. Available at: <https://hal.archives-ouvertes.fr/hal-00939994/>. Accessed on: 17 Dec. 2015.

GUARESCHI, Roni Fernandes et al. Производство силоса из гибридов кукурузы и сорго без подкормки азотом в летнем посеве. **Pesquisa Agropecuária Tropical,** v. 40, n. 4, p. 541-546, 2010. Available at: <http://www.scielo.br/pdf/pat/v40n4/a21v40n4.pdf>. Accessed on: 16 January 2015.

HAALA, N.; CRAMER, M.; ROTHERMEL, M. Качество трехмерных облаков точек из сильно перекрывающихся снимков с БПЛА. ISPRS-Int. Arch. Photogramm. **Remote Sens. Spatial Inform.** Sci., XL-1 W, v. 2, p. 183188, 2013. Available at   :

<https://www.researchgate.net/profile/Norbert_Haala/publication/2746765 10_QUALITY_OF_3D_POINT_CLOUDS_FROM_HIGHLY_OVERLAP PING_UAV_IMAGERY/links/552e2ea30cf22d43716deb09.pdf>. Accessed on: 18 December 2015.

HAARBRINK, R. B.; KOERS, E. Вертолетный БПЛА для фотограмметрии и быстрого реагирования. In: **International Archives of Photogrammetry, Remote Sensing and Spatial Information Sciences, ISPRS Workshop of Inter-Commission WG I/V, Autonomous Navigation, Antwerp**, Belgium. 2006. Доступно по адресу   :<

http://citeseerx.ist.psu.edu/viewdoc/download?doi=10.1.1.222.4943&rep=r ep1&type=pdf>. Accessed on: 11 December 2015.

ХОНКАВААРА, Э. и др. Обработка и оценка спектрометрических стереоскопических снимков, полученных с помощью легкой спектральной камеры БПЛА, для точного земледелия. **Дистанционное зондирование**, Финляндия, v. 5, n. 10, p. 50065039, oct 2013. Available at: < http://www.mdpi.com/2072- 4292/5/10/5006/htm> Accessed on: 10 Dec. 2015.

HUNT JR, E. R. et al. Оценка цифровой фотографии с модельного самолета для дистанционного зондирования биомассы сельскохозяйственных культур и состояния азота. **Точное земледелие**, т. 6, № 4, с. 359-378, 2005. Доступно по адресу: < http://link.springer.com/article/10.1007/s11119-005-2324-5#/page-1>.

Accessed on: 15 Dec. 2015.

HUNT, E. R. et al. Получение цифровых фотографий в инфракрасном диапазоне зеленого и синего с беспилотного летательного аппарата для мониторинга сельскохозяйственных культур. **Remote Sensing**, v. 2, n. 1, p. 290305, 2010. Available at: < http://www.mdpi.eom/2072-4292/2/1/290>. Accessed on: 15 Dec. 2015.

IMMERZEEL, W. W. et al. Мониторинг динамики гималайских ледников с высоким разрешением с помощью беспилотных летательных аппаратов. **Дистанционное зондирование окружающей среды**,   v. 150, p. 93-103,   2014. Доступно по адресу :<

http://www.sciencedirect.com/science/article/pii/S003442571400176X>   Accessed on: 14 Dec. 2015.

JANNOURA, R. et al. Мониторинг биомассы сельскохозяйственных культур с помощью цветных аэрофотоснимков, сделанных с дистанционно управляемого гексакоптера. **Biosystems Engineering**, v. 129, p. 341-351, 2015. Available at: <http://www.sciencedirect.com/science/article/pii/S1537511014001998>. Accessed on: 19 Dec. 2015.

JÛNIOR, E. de A. S.; DE SOUZA, N. M.; LIMA, C. H. R. Оценка данных высокого пространственного разрешения, полученных с помощью беспилотного летательного аппарата (БПЛА) для создания цифровой модели рельефа. **Бразильский симпозиум по дистанционному зондированию,** т. 17, с. 100-107, 2015. Available at: <http://www.dsr.inpe.br/sbsr2015/files/p0025.pdf>. Accessed on 17 December 2015.

ЛАТИФИ, Х. и др. Стратифицированная оценка надземной биомассы леса по данным дистанционного зондирования. **Международный журнал прикладного наблюдения Земли и геоинформации**, т. 38, с. 229-241, 2015. Available at:

<http://www.sciencedirect.com/science/article/pii/S0303243415000264>. Accessed on: 19 Dec. 2015.

Лаурин, Г. В. и др. Оценка надземной биомассы в африканском тропическом лесу с помощью лидара и гиперспектральных данных. **ISPRS Journal of Photogrammetry and Remote Sensing,** v. 89, p. 49-58, 2014. Available at: <http://www.sciencedirect.com/science/article/pii/S0924271614000045>. Accessed on: 19 Dec. 2015.

LELONG, C. CD et al. Оценка изображений, полученных с помощью беспилотных летательных аппаратов, для количественного мониторинга урожая пшеницы на небольших участках. **Sensors,** v. 8, n. 5, p. 3557-3585, 2008. Доступно по адресу: < http://www.mdpi.com/1424-8220/8/5/3557/htm>. Accessed on: 15 December 2015.

LILLESAND T. M.; KIEFER R. W.; CHIPMAN J. W. **Remote Sensing and Image Interpretation**. John Wiley & Sons, 2008. Available at:

<https://books.google.com.br/books/about/Remote_sensing_and_image_int erpretation.html?id=XaIsAQAAMAAJ&redir_esc=y>. Accessed on: 19 December 2015.

LUCIEER, A. et al. HyperUAS-Imaging spectroscopy from a multirotor unmanned aircraft system. **Journal of Field Robotics**, Australia, v. 31, n. 4, p. 571-590, Mar 2014. Available at :<

http://onlinelibrary.wiley.com/doi/10.1002/rob.21508/abstract>. Accessed on: 10 Dec. 2015.

MANCINI, F. et al. Использование беспилотных летательных аппаратов (БПЛА) для реконструкции топографии с высоким разрешением: подход "структура из движения" на прибрежных территориях. **Remote Sensing**, v. 5, n. 12, p. 68806898, 2013. Available at:<http://www.mdpi.com/2072-

4292/5/12/6880/htm>. Accessed on: 17 December 2015.

MATTIELLO, C. D. et al. Управление положением квадрокоптера: ПИД и нечеткая логика. **Компьютер на пляже**, Флорианополис, с. 111-120, март 2015 г. Доступно по адресу: < http://www6.univali.br/seer/index.php/acotb/article/view/7017> Accessed on: 10 Dec. 2015.

MAZA, I. et al. Экспериментальные результаты по координации нескольких БПЛА для ликвидации последствий стихийных бедствий и обеспечения гражданской безопасности. **Journal of intelligent & robotic systems**, v. 61, n. 1-4, p. 563-585, jan 2011. Доступно по адресу: < http://link.springer.com/article/10.1007/s10846-010-9497-5#/page-1>.

Accessed on: 13 Dec. 2015.

MELLO, RENIUS et al. Продуктивные и качественные характеристики гибридов кукурузы для производства силоса. **Revista Brasileira de Milho eSorgo**, v. 4, n. 01, 2010. Available at:

<http://rbms.cnpms.embrapa.br/index.php/ojs/article/view/129/pdf_298>. Accessed on: 16 Dec. 2015.

MERINO, L. et al. Беспилотная авиационная система для автоматического мониторинга и измерения лесных пожаров. **Journal of Intelligent & Robotic Systems**, v. 65, n. 1-4, p. 533-548, Jan 2012. Доступно по адресу: <

http://link.springer.com/article/10.1007/s10846-011-9560-x>. Accessed on: 14 Dec. 2015.

MCGONIGLE, A. J. S. et al. Измерения вулканических потоков углекислого газа с помощью беспилотного летательного аппарата. **Geophysical research letters**, v. 35, n. 6, 2008. Available at:< http://onlinelibrary.wiley.com/doi/10.1029/2007GL032508/full>. Accessed on: 12 Dec. 2015.

MOUTINHO, O. et al. MICMAC: AN OPEN SOURCE ALTERNATIVE FOR PHOTOGRAMMETRY WITH RPAS. **SASIG,** 2015. Доступно   at:

<http://osgeopt.pt/sasig2015/files/03_Oscar_Moutinho_SASIG2015.pdf>. Accessed on: 17 Dec. 2015.

MURTIYOSO A. D.; SUWARDHI D. A comparison of sparse and dense point approach to photogrammetric 3d modelling for stone textured objects (case study: archeological sites). In: **10th Annual Asian Conference & Exhibition on Geospatial Information, Technology & Applications**. Indonesia: Asia Geospatial Forum, 2011. p.   1-8.   Available   at: <http://www.asiageospatialforum.org/2011/proceeding/pps/arnadi_AGF.pd   f>. Accessed on: 17 Dec. 2015.

NEBIKER, S. et al. Легкий мультиспектральный датчик для микро-БПЛА - возможности для дистанционного зондирования с воздуха с очень высоким разрешением. **Международный архив фотограмметрии, дистанционного зондирования и наук о пространственной информации**, т. 37, с. 1193-1200, 2008.   Доступно   по   адресу: <

http://www.isprs.org/proceedings/XXXVII/congress/1_pdf/204.pdf>.

Accessed on: 15 Dec. 2015.

NEITZEL, F.; KLONOWSKI, J. Мобильное 3D-картографирование с помощью недорогой беспилотной системы. **Int. Arch. Photogramm. Remote Sens. Spat. Inf. Sci**, v. 38, p. 16,   2011.

          Available at   :

<http://i3mainz.hsmainz.de/sites/default/files/public/data/uavg_neitzel_klo nowski.pdf>. Accessed on: 27 December 2015.

ОЛИВЕЙРА, Ф. С,. L. de et al. Продуктивность и питательная ценность силоса из гибридов кукурузы при разной высоте урожая. **R. Bras. Zootec**, v. 40, n. 4, p. 720-727,   2011. Доступно по адресу   :<

http://www.scielo.br/pdf/rbz/v40n4/04.pdf>. Accessed on: 15 January 2016.

PEGORARO, A. J.; PHILIPS, J. W. Квадрироторы/микродроны как носители геосенсоров, применяемые для земельного кадастра. **Бразильский симпозиум по дистанционному зондированию,** т. 15, с. 8461-8468,   2011.

Доступно по адресу: <http://www.dsr.inpe.br/sbsr2011/files/p0521.pdf>. Accessed on: 16 Dec. 2015.

PIX4DMAPPER, 2015. Руководство по программному обеспечению Pix4Dmapper. Доступно по адресу: < https://support.pix4d.com/hc/en-us/articles/202557969-Pix4Dmapper- Software-Manual-Table-View>. Accessed on: 20 Dec. 2015.

PURI, A.; VALAVANIS, K. P.; KONTITSIS, M. Формирование статистических профилей для мониторинга дорожного движения с использованием видеоданных, полученных с помощью БПЛА в режиме реального времени. В сборнике: **Управление и автоматизация, 2007. MED'07. Mediterranean Conference on. IEEE**,   США, Флорида, 2007. p. 1-6. Доступно по адресу   :<

http://ieeexplore.ieee.org/xpls/abs_all.jsp?arnumber=4433658&tag=1>. Accessed on: 11 Dec. 2015.

Куан, Л. **Моделирование на основе изображений**. Springer Science & Business Media, 2010. Доступно по адресу:<https://books.google.com.br/books?hl=pt-BR&lr=&id=dQEWMhjma9sC&oi=fnd&pg=PR10&dq=фотограмметрия+автор:Q UAN,+Long.+Image-based+modeling.+Springer+Science+%26+Business+Media,+2010.&ots= WP_CqZmo3n&sig=fNCwyw5LIRTh7zADqmcQRqeYCLU#v=onepage& q&f=false>. Accessed on: 17 December 2015.

REMONDINO, F. et al. Фотограмметрия с БПЛА для картографирования и 3d-моделирования - современное состояние и перспективы. **International Archives of the Photogrammetry, Remote Sensing and Spatial Information Sciences**, v. 38, n. 1, p. C22, 2011. Available at: < http://www.int-arch- photogramm-remote-sens-spatial-inf-sci.net/XXXVIII-1- C22/25/2011/isprsarchives-XXXVIII-1-C22-25-2011.pdf>. Accessed on: 15 Dec. 2015.

PECTAC, A. Поддержка управления лесными пожарами с помощью воздушной разведки на основе БПЛА в пожарном депо Сендро, Венгрия. В сборнике: **Экологическая идентичность и Средиземноморский регион, 2006**. **ISEIMA'06. Первый международный симпозиум по**. IEEE, Jul 2006. p. 73-77. Available at:< http://ieeexplore.ieee.org/xpls/abs_all.jsp?arnumber=4150439>.

Accessed on: 13 Dec. 2015.

РОБЕРТСОН Д. П., СИПОЛЛА Р. Структура из движения. Практическая обработка изображений и компьютерное зрение. **John Wiley, Hoboken,** NJ, USA, p. 49, 2009.

ROIG, H. L. et al. Использование недорогих камер, соединенных с легкими летательными аппаратами, для изучения поступления осадочного материала в озеро Паранoa. **Бразильский симпозиум по дистанционному зондированию**, т. 16, с. 9332-9339,   2013.

Доступно по адресу: <http://www.dsr.inpe.br/sbsr2013/files/p1438.pdf>. Accessed on: 16 Dec. 2015.

РОСНЕЛЛ, Т.; ХОНКАВААРА, Э. Формирование облака точек из данных аэрофотоснимков, полученных с помощью микробеспилотного летательного аппарата типа квадрокоптер и цифровой фотокамеры. **Sensors**, v. 12, n. 1, p. 453-480, 2012. Available at: <http://www.mdpi.com/1424-8220/12/1/453/htm>. Accessed on: 16 January 2016.

RUBIO, J. M. et al. Imap3d: недорогая фотограмметрия для культурного наследия. В: **Труды XX Международного симпозиума CIPA 2005, Турин, Италия. Camera and Imaging Products Association**. Италия, Турин, 2005. Available at   :

<https://www.researchgate.net/profile/Jose_Martinez-Rubio/publication>. Accessed on: 12 Dec. 2015.

SHAHBAZI, M. et al. Разработка и оценка системы фотограмметрии с БПЛА для точного 3D-моделирования окружающей среды. **Sensors**, v. 15, n. 11, p. 27493-27524,   2015. Доступно по адресу   :<

http://www.mdpi.com/1424-8220/15/11/27493/htm>. Accessed on: 16 Dec. 2015.

ЗИБЕРТ, С.; ТЕЙЗЕР, ДЖ. Мобильное 3D-картографирование для геодезических проектов земляных работ с помощью беспилотного летательного аппарата (БПЛА). **Автоматизация в строительстве**,   т.   41,   с.   1-14,   2014   . Available at:

<http://www.sciencedirect.com/science/article/pii/S0926580514000193>. Accessed on: 27 December 2015.

SILVA, E. T. de J. B. Беспилотные летательные аппараты: современная панорама и перспективы мониторинга незаконной деятельности в Амазонии. В сборнике: **Бразильский симпозиум по дистанционному зондированию**. Foz do Iguaçu: INPE, 2013.   p.   9324-9331.   Available   at:

<http://www.dsr.inpe.br/sbsr2013/files/p1457.pdf>. Accessed on: 16 Dec. 2015.

Сильва, В. Ф. и др. Оценка использования беспилотных летательных аппаратов (БПЛА) в деятельности Национального агентства водных ресурсов по наблюдению. **Бразильский симпозиум по дистанционному зондированию,** т. 17, с. 1791-1798, 2015. Available at: <http://www.dsr.inpe.br/sbsr2015/files/p0345.pdf>. Accessed on 17 December 2015.

SUN, G. et al. Картирование лесной биомассы с помощью синергии лидара и радара. **Дистанционное зондирование окружающей среды,** v. 115, n. 11, p. 2906-2916, 2011. Available at   : <http://www.sciencedirect.com/science/article/pii/S0034425711001386>. Accessed on: 19 Dec. 2015.

SWAIN, K. C.; THOMSON, S. J.; JAYASURIYA, Hemantha PW. Использование беспилотного вертолета для дистанционного зондирования на малых высотах для оценки урожайности и общей биомассы рисовой культуры. **Transactions of the ASAE (American Society of Agricultural Engineers),** v. 53, n. 1, p. 21, 2010. Available at: <http://naldc.nal.usda.gov/naldc/catalog.xhtml?id=41029>. Accessed on: 19 Dec. 2015.

SZ DJI Technology Co., Ltd. Available at: <http://www.dji.com/>. Accessed on: 20 Dec. 2015.

TAMMINGA, A. et al. Гиперпространственное дистанционное зондирование морфологии русла и гидравлической среды обитания рыб с помощью беспилотного летательного аппарата (БПЛА): первая оценка в контексте исследования и управления реками. **River Research and Applications,** Canada, v. 31, n. 3, p. 379-391, mar 2015. Доступно по адресу   :< http://onlinelibrary.wiley.com/doi/10.1002/rra.2743/full>. Accessed on: 11 Dec. 2015.

TANASE, M. A. et al. Воздушные многовременные поляриметрические SAR-данные L-диапазона для оценки биомассы в полузасушливых лесах.

Дистанционное зондирование окружающей среды, т. 145, с. 93-104, 2014. Available at:

<http://www.sciencedirect.com/science/article/pii/S0034425714000492>. Accessed on: 19 Dec. 2015.

УЛЛМАН, С. Интерпретация структуры из движения. **Proceedings of the Royal Society of London B: Biological Sciences**, v. 203, n. 1153, p. 405-426, 1979.

Available at :<

http://rspb.royalsocietypublishing.org/content/203/1153/405.short>. Accessed on: 17 Dec. 2015.

VALAVANIS, K. P. (Ed.). **Advances in unmanned aerial vehicles: state of the art and the road to autonomy.** Springer Science & Business Media, 2008 г.

Доступно на сайте:

<https://books.google.com.br/books?hl=ptBR&lr=&id=EsjPyblwMdQC&o i=fnd&pg=PR11&dq=VALAVANIS,+Kimon+P.+%28Ed.%29.+Advances+in+unma nned+aerial+vehicles:+state+of+the+art+and+the+road+to+auto nomy.+Springer+Science+%26+Business+Media,+2008.&ots=EPoK3avIs D&sig=Dt6if4A1VrNT5QMInYLOMCQ8w0#v=onepage&q=VALAVAN IS%2C%20Kimon%20P.%20%28Ed.%29.%20Advances%20in%20unman ned%20aerial%20vehicles%3A%20state%20of%20the%20art%20and%20t he%20road%20to%20autonomy.%20Springer%20Science%20%26%20Bu siness%20Media%2C%202008.&f=false>. Accessed on: 20 Dec. 2015.

VERHOEVEN, G. et al. Mapping by matching: a computer vision-based approach to fast and accurate georeferencing of archaeological aerial photographs. **Journal of Archaeological Science,** v. 39, n. 7, p. 20602070, 2012.

Available at :

<http://www.sciencedirect.com/science/article/pii/S0305440312000866>. Accessed on: 17 Dec. 2015.

WANI, A. A., JOSHI, P. K., SINGH, O. Оценка биомассы и уменьшения выбросов углерода в хвойных лесах умеренной зоны с помощью спектрального моделирования и данных полевой инвентаризации. **Экологическая информатика**, т. 25, с. 63-70, 2015.

Вонг, К. К. Обзор региональных разработок: гражданские приложения. In: UAV Australia Conference, Melbourne, Australia. **Школа аэрокосмической, механической и мехатронной инженерии.** 2001. стр. 8-9. Доступно по адресу: <http://sydney.edu.au/engineering/aeromech/wwwuav/papers/UAV_civil_a pp.PDF> Accessed on: 10 Dec. 2015.

ZARCO-TEJADA, P. J.; GONZALEZ-DUGO, V.; BERNI, J. AJ. Показатели флуоресценции, температуры и узкополосного излучения, полученные с платформы БПЛА для обнаружения водного стресса с помощью микрогиперспектрального имиджера и тепловизионной камеры. **Remote Sensing of Environment**, v. 117, p. 322-337, 2012. Available at   :<

http://www.sciencedirect.com/science/article/pii/S0034425711003555>.   Accessed on: 15 Dec. 2015.

zARCo-TEJADA, P. J. et al. Количественная оценка высоты деревьев с использованием снимков очень высокого разрешения, полученных с беспилотного летательного аппарата (БПЛА), и методов автоматической 3D-фотореконструкции. **European journal of agronomy**, v. 55, p. 89-99,   2014. Available at:

<http://www.sciencedirect.com/science/article/pii/S1161030114000069>.   Accessed on: 18 Dec. 2015.

zHANG, J. et al. Новые спектральные индексы растительности для оценки азотного питания риса iii: разработка нового индекса растительности на основе спектров отражения красной кромки полога для мониторинга концентрации азота в листьях риса. **Sensor Letters**, v. 9, n. 3, p. 1201-1206, 2011. Available at: <http://www.ingentaconnect.com/content/asp/senlet/2011/00000009/00000 003/art00041>. Accessed on: 19 Dec. 2015.

ПРИЛОЖЕНИЕ А - ОТЧЕТ ОБ ОБРАБОТКЕ 1

Agisoft PhotoScan

Отчет о переработке
13 января 2016 г.

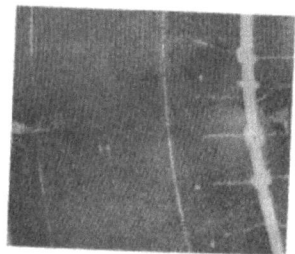

Данные опроса

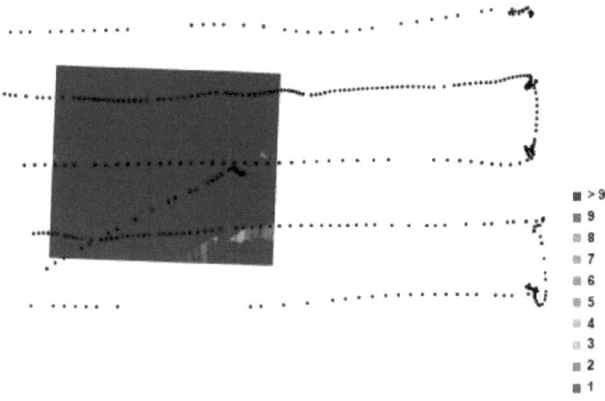

Рис. 1. Расположение камер и наложение изображений.

Количество фингалов:	427	Станции камеры:	416
Высота полета:	50.3331 п∩	Ничья:	17D43
Разрешение местности:	на 0.0119175 nVpix	Прогнозы:	62522
Зона покрытия:	0,0107759 кв. км	Ошибка:	1.21627 пикс

Модель камеры	Разрешение	Фокусное расстояние	Размер пикселя	Предварительн ая калибровка
GR(1B.3π≡n)	492fl X 3264	1I8L3 мм	4,7β4х4,784 урна	Да

Таблица. 1. камеры.

57

Калибровка камеры

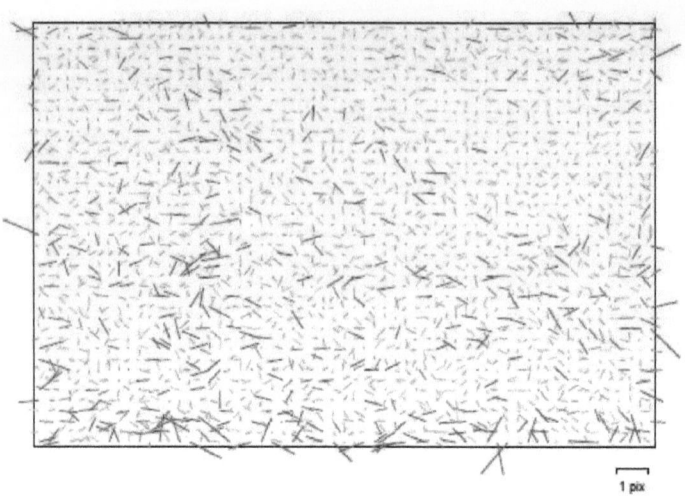

Рис. 2 Остатки изображения для GR (10,3 мм).

GR (18,3 мм)

Тип:	Рама	K1:	-0.0761058
Fx:	3850.39	K2:	0.140338
Fy:	3851.04	K3:	-0.142571
Коробка:	2459.49	K4:	0.101535
Сай:	1630.71	P1:	4.879β8e-005
Перекос:	D.30474 5	P2:	0.000198315

Наземные контрольные точки

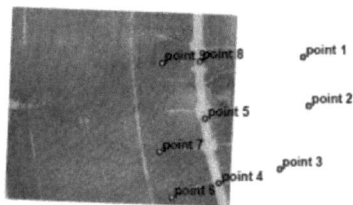

Рис. 3. Расположение ПГП.

Этикетка	Погрешность X (м)	Ошибка Y (м)	Ошибка Z (м)	Ошибка (м)	Прогнозы	Ошибка (пикс)
пункт 1	0.027786	0.008936	0.006151	0.029829	24	0.377963
пункт 2	0.033323	0.013208	-0.026214	0.044408	10	1.324244
точка 3	-0.045538	-0.013915	0.042449	0.063791	8	0.259992
пункт 4	0.064842	0.211655	-0.056848	0.228548	11	0.230090
пункт 5	-0.057455	-0.067041	0.047285	0.100157	30	0.190878
пункт 6	0.044129	0.090639	0.012877	0.101629	11	0.248367
пункт 7	-0.174201	-0.257508	-0.005159	0.310939	36	0.196469
точка8	0.114443	-0.099809	-0.015656	0.152657	32	0.082860
точка 9	-0.006433	0.115427	-0 001572	0.115617	39	0.100451
Всего	0.079508	0.128041	0.030613	0.153796	201	0.358704

Цифровая модель рельефа

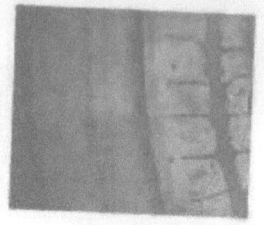

134.426 m

129.401 m

Рис. 4 Реконструированная цифровая модель рельефа.

Разрешение: 0,0476699 м/пикс

Плотность баллов: 440,06 баллов за кв. м

Agisoft PhotoScan

Отчет о переработке
12 января 2016 г.

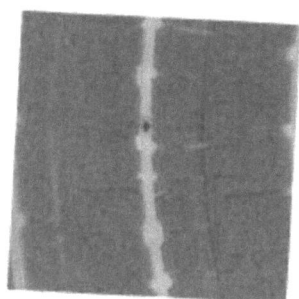

Данные опроса

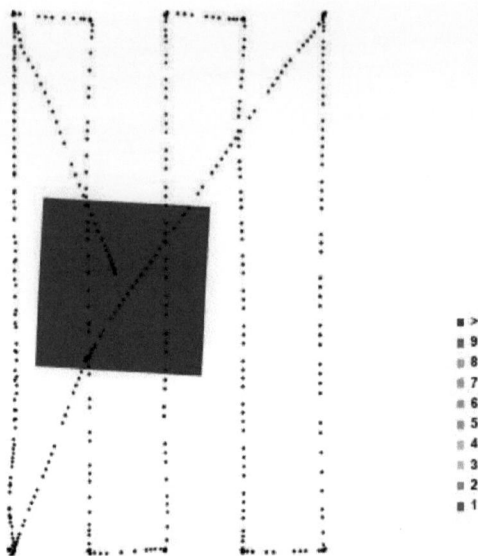

Рис. 1. Расположение камер и перекрытие изображений

NurTiberofimages:	485		Станции камеры:	4B5
Высота полета:	99,3582 м	D,032059	Завязки: Прогнозы:	3575
Разрешение на	rtlJpik		Ошибка:	2935B
местности:	D.01DQ174 кв. км			Q.926503 pix
Зона покрытия:				

Модель камеры	Разрешение	Фокусное расстояние	Размер пикселя	Предварительная калибровка
HER04 Серебро (3 мм)	40DQ X30QO	3 мм	1,73066 x 1,73066 урна	Нет

Таблица. 1. камеры.

62

Калибровка камеры

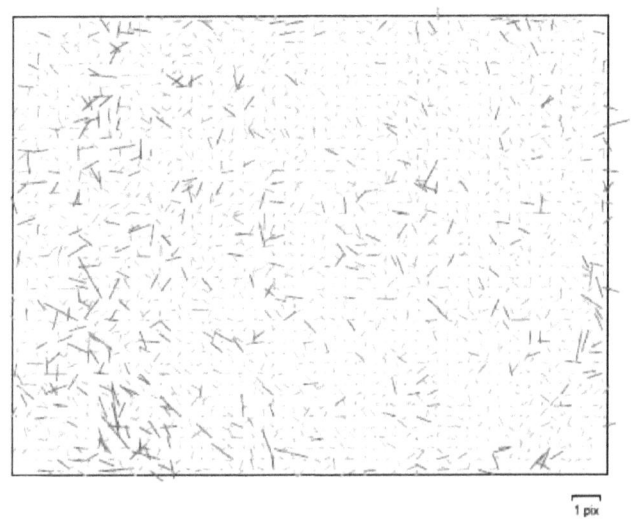

Рис. 2 Остатки изображения для HERCM Silver (3 мм)

HERO4 Silver | 3mm |

Тип:	Fiisheye	KI:		0.D15DO61
F⅛:	1B6B.59	K2:		0.0194672
Fy:	1B68.59	K3:		-O.DQ670537
См:	1950.81	K4:		0
Сай:	1527.41	PI:		0
Перекос:	Q	P2:		0

Наземные контрольные точки

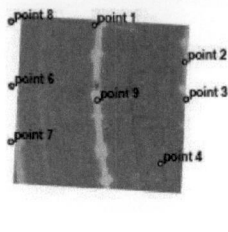

Рис. 3 Расположение ПГП.

Этикетка	X ошибка (m}	¥ ошибка (iin)	Z ошибка (m}	Ошибка (m)	Прогнозы	Ошибка (pik)
пункт 1	-0.085859	0.072078	D .267289	0.289827	175	D.265796
пункт 2	0.D63974	-D .072 322	-D.346623	0.359821	129	D.0D7934
точка 3	-0.097030	0.116541	D.O7Q311	0.167154	135	D .268638
пункт 4	O 127497	-D .230532	D.494983	0.560722	127	D. 589682
пункт 5	0.010591	**0.019214**	-D.2O4944	0.2D6115	180	D.147310
пункт 6	-0.0D7963	-D.0D5683	-D.Q4D371	0.041540	129	D.262OD8
пункт 7	-0.034637	0.324819	D.085648	0.3377D7	135	D.289247
точка 8	-0.076346	-D .230122	-D.Q4D393	0.245798	144	D.1D9794
точка 9	Q.D99972	0.OD6OD4	-D.28631D	Q.3D3322	175	D.096580
Всего	0.077701	0.161951	0.253005	0.310286	1329	0.265526

Цифровая модель рельефа

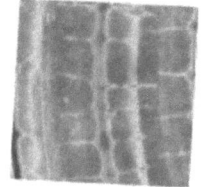

138.752 m

135.943 m

Рис. 4 Реконструированная цифровая модель рельефа.

Разрешение: 0,128236 пVpix

Плотность точек: 60,8107 точек на кв. м

Agisoft PhotoScan

Отчет об обработке

18 января 2016 г.

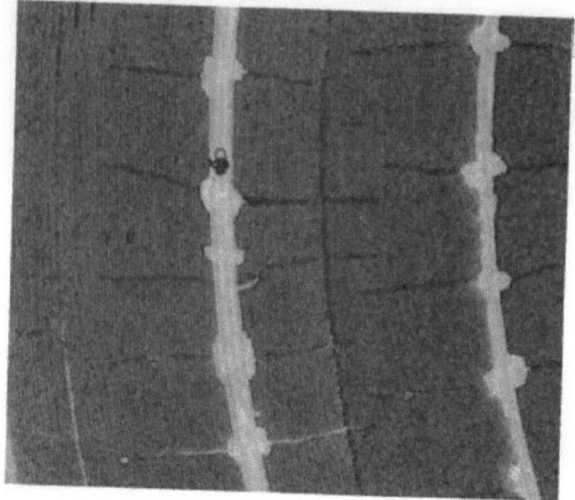

Данные опроса

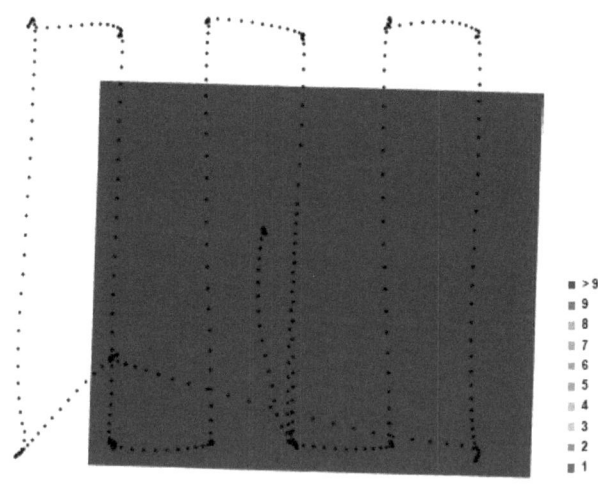

Рис. 1. Расположение камер и наложение изображений.

Количество изображений:	388	Станции камеры:	388
Высота полета:	38.4474 m	Ничья:	24358
Разрешение на местности:	□.0148901 m⅛ix	Прогнозы:	105290
Зона покрытия:	D.01D91D2 кв. км	Ошибка	1.2D934 пиикс

Модель камеры	Разрешение	Фокусное расстояние	Размер пикселя	Предварительн ая калибровка
HER04 Серебро (3 мм)	40DQ X3DQ0	3 мм	1,73066 X 1,73066 урна	Нет

Таблица. 1. камеры.

67

Калибровка камеры

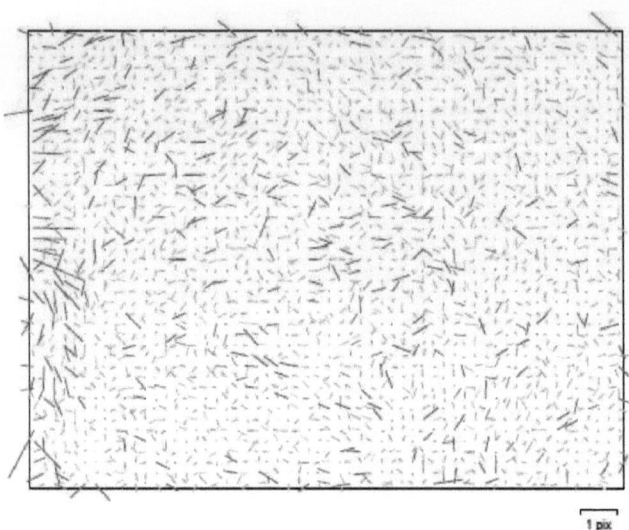

Рис. 2 Изображения для H ERO4 Si Iver (3 мира)

HERO4 Silver | 3mm)

Тип:	Fiistieye	KI:	0.0274736
Fx:	1826.63	K2:	0.D169153
Fy:	1826.63	K3:	-O.D0699589
Коробка:	1951.76	K4:	D
Сай:	1526.55	PI:	D
Перекос:	Q	P2:	0

Наземные контрольные точки

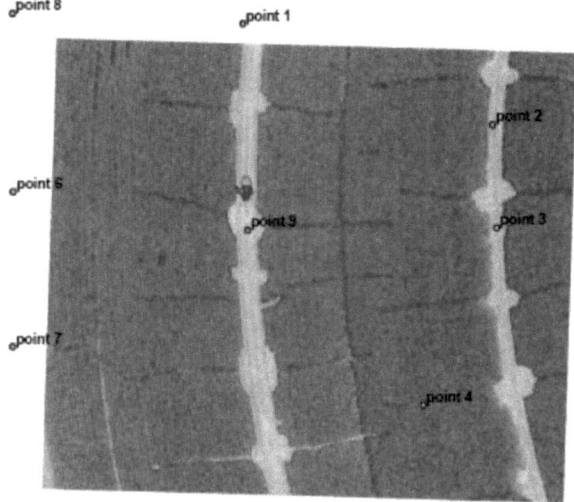

Рис. 3 Расположение ПГП.

Этикетка	Погрешность X (м)	Ошибка Y (м)	Ошибка Z (м)	Ошибка (м)	Прогнозы	Ошибка (пикс)
пункт 1	-0.017685	0.040924	0.136977	0.144050	81	0.119552
пункт 2	-0.080705	-0.026860	0.218693	0.234652	60	0.213315
точка 3	-0.025776	-0.053328	-0.079678	0.099282	88	0.009146
пункт 4	0.090131	-0.245404	-0.074764	0.271913	100	0.461289
пункт 6	-0.126329	0.065438	-0.427946	0.450976	108	0.079713
пункт 7	0.400928	0.219462	0.472105	0.657107	119	2.234529
точка 8	-0.223055	-0.024153	0.033398	0.226831	76	0.149285
точка 9	-0.018143	0.024351	-0.277819	0.279474	165	0.053815
Всего	0.174069	0.122007	0.265247	0.339914	797	0.883569

Таблица 2: Контрольные точки.

Цифровая модель рельефа

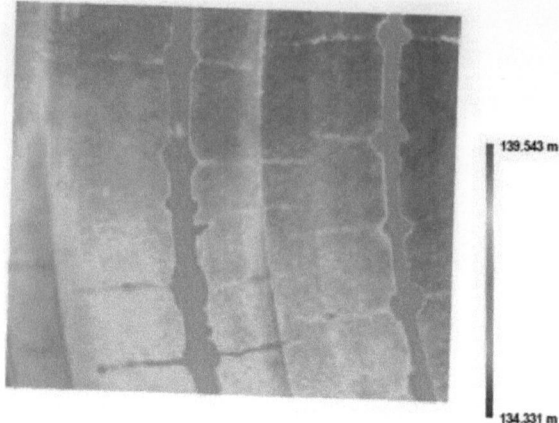

139.543 m

134.331 m

Рис. 4 Реконструированная цифровая модель рельефа.

Разрешение: 0,0595605 м/пикс

Плотность точек: 281 892 точки на кв. м